Der Pfefferkuchenbäcker und Lebküchler

F. H. Stegmann

Alpha Editions

This edition published in 2022

ISBN : 9789356903715

Design and Setting By
Alpha Editions
www.alphaedis.com
Email - info@alphaedis.com

Contents

Einleitung.

Die Lebküchnereien bilden zwar ein eigenes Gewerbe, es giebt jedoch kaum eine Konditorei und Bäckerei, wo nicht ebenfalls Lebkuchen gefertigt werden. Da es bei Letzteren mehr Nebengewerbe ist, so fehlt es oft an den erforderlichen Kenntnissen in der Bearbeitung und an guten Recepten.

Weltberühmt und bekannt sind die Nürnberger Lebkuchen. Abgesehen davon, daß auch bei der Lebküchnerei viel mit Namen gewuchert wird, und selbst oft der gewöhnliche braune Lebkuchen durch Staats-, Kaiser- und dergleichen Namen seinen eigenen Namen, brauner Nürnberger Lebkuchen, ganz verliert, welcher Name ihm doch eigentlich in allen Welttheilen Eingang verschaffte, so ist es dennoch unläugbar, daß nirgends, trotz vieler Versuche, die Nürnberger an Güte übertroffen wurden. Woher kommt das? hört man fragen, wir bereiten ebenso guten Teig und behandeln die Waare so sorgfältig als möglich, und dennoch kennt Jedermann den Unterschied zwischen den Nürnberger und fremden Lebkuchen. Es ist hierauf zu bemerken, nicht alle Lebküchnereien liefern gute Lebkuchen, auch wenn sie in Nürnberg sind, und es sind vorzugsweise nur einige der älteren Geschäfte, wie die Firmen Schores, jetzt Häberlein, Metzger, Göß etc., welche die besten liefern, und ist dies leicht erklärlich, denn diejenigen Geschäfte, welche einen großen Teigvorrath besitzen, können an Güte und Ansehen die schönsten und besten Lebkuchen liefern. Denn wenn auch der Teig noch so sorgfältig hergerichtet ist, so ist es doch unmöglich, daß eine innige Vermengung und Zersetzung aller Theile stattfinden kann, und geschieht dies erst durch längeres Ruhen des Teiges, wo er Zeit gewinnt, sich innig zu verbinden und sich der wässerigen Theile durch Verdunstung zu entledigen, wodurch er an Güte und Backfähigkeit gewinnt.

Der kleine Geschäftsmann, welcher seine Teige einige Wochen vor Weihnachten herrichtet, muß solche bis dahin verarbeiten, selbst wenn sich solche nicht gut backen oder ungünstige, feuchte Witterung eintritt. Der größere Fabrikant legt unreifen oder sonst sich nicht gut backenden Teig zurück, bäckt ihn zu späterer Zeit, oder vermischt ihn mit gutem Teige. Darin liegt ein sehr wesentlicher Umstand für die Herrichtung einer schönen Waare.

Schönes Ansehen, verbunden mit angenehmem Geschmacke, sind Haupterfordernisse einer zum Verkauf zu stellenden eßbaren Waare, wenn dafür guter Absatz gefunden werden soll. Dieses zu erreichen, muß auch des Pfefferküchlers erste Aufgabe sein.

Außer der größten Reinlichkeit sind es drei Punkte, worauf es ankommt, eine schöne Waare herzustellen. Als:

1) Die Materialien, woraus der Pfefferkuchen bereitet wird, als der Honig, der Syrup, das Mehl, die Gewürze und der zum Austreiben der verschiedenen Teige anzuwendende Trieb.

2) Die Backöfen.

3) Die Geräthe.

Erster Abschnitt.

I. Die Materialien.

1) Der Honig.

Guter Honig muß eine lichtgelbliche, in das Weiße scheinende Farbe haben, zum Schneiden steif und körnig sein. Sehr häufig wird der Honig durch Beimischung fremder Bestandtheile verfälscht, als Mehl, Stärke etc., was man jedoch leicht findet, wenn man etwas Honig in einem Kessel aufs Feuer setzt, wo, sobald derselbe geschmolzen ist, sich die fremden Theile zu Boden setzen.

Der am meisten im Handel vorkommende Honig ist der polnische und der westindische Honig. Zu Anwendung in der Pfefferküchelei ist immer der westindische Honig jedem andern vorzuziehen, da er die wenigsten Unreinigkeiten bei sich führt.

2) Der Syrup.

Es ist ein Surrogat, welches bei Bereitung des Brodzuckers und Kandis erhalten wird. Es ist der dabei ablaufende, nicht krystallisirbare Zuckersaft (Schleimzucker). Man hat hauptsächlich zwei Sorten, welche im Handel vorkommen, nämlich den, welcher bei der Raffinirung des indischen Zuckers gewonnen, und den Runkelrübensyrup, welcher wieder als raffinirter und Rohsyrup verkauft wird.

Bei Anwendung des Syrups in der Pfefferküchelei ist stets nur indischer Syrup zu kaufen, weil er reiner im Geschmack und auch mehr Süßigkeit hat. Beim Einkaufe des Syrups hat man darauf zu sehen, daß er von reinem Geschmack, d. h., daß er nicht bitter oder brenzlich schmeckend und schön steif sei. Denn je steifer der Syrup, desto mehr Wasser kann zugesetzt werden.

Je schöner, lichter der Syrup ist, je schöner wird die Waare davon.

3) Das Mehl.

Um ein gutes Mehl zu erhalten, verwende man zur Bereitung nur ein gutes, reifes, gesundes, von fremdem Gesäme reines und möglichst staubfreies Getreide, welches niemals dumpfen Geruch haben darf und schön trocken ist.

Kann man zu der Erzeugung von Mehl Dampfmühlen benutzen, so ist solches Mehl gewiß vor allem andern vorzuziehen.

Wenigstens rathe ich, das Getreide nur auf kräftigen Wassermühlen mahlen zu lassen, da Windmühlenmehl niemals solche Ausbeute liefert.

Zu Anwendung in der Pfefferküchelei halte man auch immer auf Vorrath von Mehl, denn niemals ist von frischem Mehle so gute Waare zu erwarten, als von etwas abgelagertem. Die Aufbewahrung von Mehl geschieht am zweckmäßigsten in trockenen Kammern, wo man es frei hinschüttet und öfters sieben läßt, was namentlich in den Monaten Mai, Juni und Juli nöthig erscheint.

Mehl, welches sich bei anderer Backwaare nicht gut macht, taugt auch zu Lebkuchen nichts.

4) Die Gewürze,

als Zimmt (*Cassia*), Nelken, Kardamom etc., wie sie unter den verschiedenen Sorten angegeben, soll man niemals im gestoßenen Zustande kaufen, sondern ganz, da man sonst nie sicher ist, daß solche mit fremdartigen Substanzen gemischt sind. Auch lasse man nie mehr auf einmal stoßen, als eben der Bedarf erfordert, da die Gewürze sonst von ihrem Aroma verlieren. Die Bereitung der zu verschiedenen Sorten nöthigen Pomeranzenschalen wird weiter hinten gezeigt werden. Die Aufbewahrung der Gewürze muß immer an einem kühlen Orte stattfinden.

5) Der Trieb oder das Gährungsmittel.

Die Anwendung des Triebes in der Pfefferkuchenbäckerei hat denselben Zweck zum Grunde, als die Hefe bei dem Kuchenteige. Nur durch dessen Anwendung ist es möglich, die Waare locker und schön zu fertigen. Deshalb kommt es auf eine ganz gleichmäßige Vertheilung in dem zu verarbeitenden Teige sehr viel an, und muß aus diesem Grunde der Trieb ganz fein gearbeitet werden, ehe er dem Teige zugesetzt wird.

Auch ist alle Butter und sonstige Fettigkeiten bei Bearbeitung desselben fern zu halten, da diese die Wirkung des Triebes unterdrücken.

Zum Triebe selbst wird Pottasche und kohlensaures Ammoniak angewendet.

Die Pottasche soll niemals gereinigte, sondern solche sein, wie sie im gewöhnlichen Handel vorkommt; am besten und reinsten ist die isländische und russische Pottasche.

Das kohlensaure Ammoniak muß nicht alt, sondern frisch und noch im Besitze des ihm eigenthümlichen stechenden Geruches sein. Hieran und an seiner Härte und ziemlich durchsichtigem Aussehen, welches niemals kreideartig sein darf, erkennt man seine Güte.

Um das Ammoniak gut zu erhalten, muß es in einer mit Schweinsblase doppelt zugebundenen, steinernen Büchse verwahrt werden und an einem nicht feuchten, aber auch nicht warmen Ort aufbewahrt werden. Die nöthige Quantität zu den verschiedenen Teigen wird bei den verschiedenen Arten von Kuchen angegeben sein.

II. Die Backöfen.

Das Backen des Honigkuchens geschieht am zweckmäßigsten in den gewöhnlichen Backöfen der Bäcker. Da jedoch bei Anlage derselben sehr oft Fehler gemacht werden, daß man trotz aller angewendeten Mühe nur unvollkommene Waare liefern kann, so will ich mit wenigem die Haupterfordernisse einer guten Backofenanlage darstellen:

Je nach dem zu hoffenden Absatze richte man sich mit der Größe des Ofens, nur muß das richtige Verhältniß in Länge und Breite beibehalten werden. Soll z. B. der Ofen eine Länge von 3 Meter, im Lichten gemessen, bekommen, so ist 2 Meter 28 Centim. die richtige Breite. Die Grundmauern des Ofens werden von gewöhnlichen Feld-, Bruch- oder Mauersteinen aufgeführt, doch so, daß der Mauer nur eine Stärke von 42 bis 56 Centim. gegeben wird. Der sich dadurch im Innern bildende Raum wird bis zur Höhe des Herdes mit grobem Kies, oder, in Ermangelung dessen, mit trockenem Lehm ausgefüllt. Die Ausfüllung darf jedoch nur schichtweise geschehen und muß bei jeder Schicht tüchtig zusammengearbeitet werden, damit jeder leere Zwischenraum vermieden werde.

Ist dieses bis zur angegebenen Höhe geschehen, so wird der eigentliche Herd mit Mauerziegeln ganz wagerecht abgepflastert. Die zwischen den Mauerziegeln sich bildenden Fugen müssen so eng als möglich gemacht werden, was leicht zu erreichen ist, wenn die Seiten des Pflastermateriales recht gleichmäßig abgerieben werden.

Auch kann man, anstatt des Abpflasterns mit Mauerziegeln, den Herd blos mit Lehmschlag überziehen. Der Lehm hierzu muß aber fein zubereitet und öfters mit einem Holze derb zusammengeschlagen werden. Um diesem Lehmherde lange Dauer zu geben, wird derselbe, nachdem er gehörig trocken, zweimal mit Rindsblut überstrichen. Hat man guten Lehm dazu verwendet, und ist derselbe zum öftern tüchtig geschlagen, so ist ein solcher Herd allen andern vorzuziehen.

Nun wird das Gewölbe angelegt, welches im Mittel des Ofens niemals eine größere Höhe als 33 Centim. erhalten sollte, und von gebrannten Mauerziegeln und ganz magerm Lehm, (d. h. Lehm, welcher mit der gehörigen Quantität Sand gemischt ist) in ganz schwacher Fuge ausgeführt.

Häufig wird das Backofengewölbe von Dachziegeln oder Flachwerkstücken gefertigt, was aber in keinem Fall anzurathen, da dadurch viel Fugen entstehen, wo durch längeren Gebrauch sich der Lehm ausbrennt und dann die Hitze entweichen läßt.

An der Giebelseite des Gewölbes, der Ofen mag so klein sein, als er will, müssen drei Züge angebracht werden, um die Hitze leiten zu können, und zwar in jeder Ecke einer und der dritte im Mittel. Diese Züge werden in Kanälen über dem Gewölbe fortgeführt und haben ihren Ausgang über dem Mundloche des Ofens, wo sie durch eingepaßte Mauerstücken oder Schieber von Eisenblech nach Erforderniß geöffnet und geschlossen werden. An der Stirnseite des Ofens wird das Mundloch zum Ein- und Ausschieben der Waare angelegt und zwar in gleicher Richtung mit dem Herde des Ofens. Das Mundloch soll eine Länge von 47 Centim. und eine Höhe von 19 bis 21 Centim. erhalten und mit einem eisernen Schieber oder Thür versehen sein, damit aller Luftzug abgesperrt werden könne.

Neben dem Mundloche wird noch eine kleine, mit einer verschließbaren Thür versehene Oeffnung angebracht, welche die Leuchtröhre heißt und zur Beleuchtung des Ofens während dem Backen dient.

Die Heizung der Backöfen kann mit jedem Feuerungsmaterial, möge es Holz, Braunkohle etc. sein, geschehen.

Außer diesem Backofen sollte in einer gut eingerichteten Pfefferküchelei eine kleine Backröhre nicht fehlen. Dieses wird so angelegt, wie eine gewöhnliche Kochröhre, die Seitenwände, Decke und Platte von gewöhnlichen gußeisernen Platten. Die Höhe ist am passendsten 42 bis 47 Centim. Um die zu große Unterhitze zu vermeiden, belege man die Platte noch mit Flachziegeln und verstreiche diese mit Lehm. Bei Anlegung der Backröhre sehe man darauf, daß die Züge den Gang des Feuers nach allen Seiten des Ofens gleichmäßig erlauben. Auch muß die Feuerungs- und Aschenfallthür mit gut verschließbaren Thüren versehen werden, um den Gang der Hitze stellen zu können. Inwendig läßt man einen von schwachen Eisenstäben gefertigten Rost von 9½ Ctm. Höhe einbringen, worauf die Backbleche gestellt werden.

III. Die Geräthe in der Pfefferküchelei.

1) Die Breche, welche zum Durcharbeiten der Teige dient, ist in **Fig. 1–3** abgebildet.

Die Gestalt ersieht man in **Fig. 1**. Das Blatt ist von 5 Centim. starken eichenen Bohlen zu fertigen und hat eine Länge von 1 Meter 42 Centim. und eine Breite, von *a* nach *b* gemessen, von 70 Centim. und, von *c* nach *d* gemessen, 35 Centim.

Bei *e*, *f*, *g*, *h* und *i* kommen Füße in das Blatt, welche eine Länge von 42 Centim. haben und nach auswärts gestellt sein müssen.

Bei dem Punkte *k* wird ein Loch durch das Blatt gemacht, wo die in **Fig. 2** zu sehende Gabel, von Eisen gefertigt, am untern Ende *a* mit einer Mutter versehen, befestigt wird. In der Gabel ist **Fig. 2** bei *b* ein eiserner Bolzen zum Einstecken, welcher zur Befestigung des in **Fig. 3** abgebildeten Brechbaumes dient. Der Brechbaum muß 1 Meter 42 Centim. länger, als die Breche und 8 Centim. stark von hartem Holze gefertigt sein und wird auf der einen Seite dreikantig gearbeitet. Am unteren Ende muß der Baum so schwach gearbeitet sein, daß er mit den Händen gut zu umfassen ist.

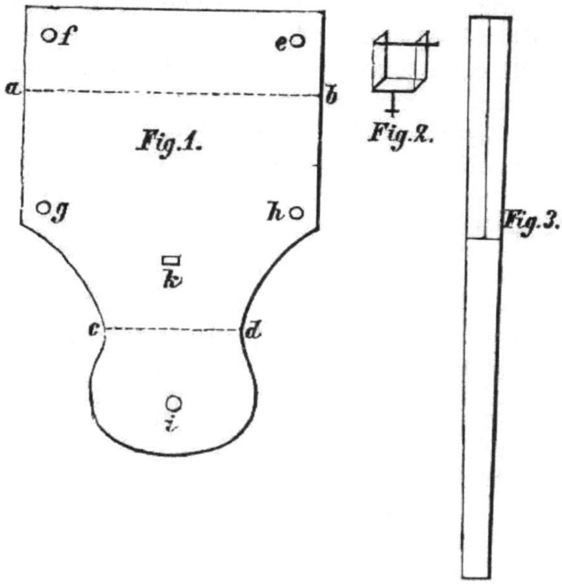

2) Die Formen, um den Honigkuchen etc. die gewünschte Gestalt zu geben. Sie sind sehr verschieden, als länglich-viereckig, rund, viereckig, Herzenform etc., werden von hartem Holze, am dienlichsten von Buchen-, Kirsch- oder Pflaumenbaum, gefertigt und 1½ Centim. tief ausgearbeitet. Was die Größe der Form anbetrifft, so muß man sich dabei nach der ortsüblichen Gewohnheit richten.

3) Backbleche, von Eisenblech gefertigt und mit Rändern von 2, 4 und 7 Centim. versehen.

4) Backtröge und Mulden von verschiedener Größe.

5) Kessel von Kupfer in verschiedenen Größen.

6) Roll- oder Mangelhölzer.

7) Verschiedene Größen von Drahtsieben, Messern u. s. w.

Nachdem wir nun die verschiedenen Materialien, sowie die nöthigen Geräthe kennen gelernt, schicken wir noch folgendes voraus:

Der Honigkuchen ist älteren Ursprungs als der Syrupkuchen; jedoch zog man später den Syrup dem Honig vor, weil beim Honig durch das Sieden zu viel Gewicht verloren geht, ehe man ihn zur erforderlichen Konsistenz bringt. Ich habe selbst Versuche angestellt und folgendes Resultat erhalten: 25 Kilogrm. Hamburger Zuckersyrup wog ich ab, kochte denselben zu ordinärem Teig, wie man ihn zur gewöhnlichen Waare braucht, rührte ihn mit Weizenmehl ein, und bekam 54 Kilogrm. Teig. Desgleichen 25 Kilogrm. Honig, welchen ich erst läutern mußte, kochte ich zu demselben Grad, rührte ihn mit Weizenmehl ein, bekam daraus aber nur 47 Kilogrm. Teig, hatte folglich gegen den Syrup ein Manko von 7 Kilogrm. Rechnet man nun das Kilogrm. Teig zu 37½ Pf. so betragen 7 Kilogrm. 5 Mark 25 Pf. an Geldwerth. 25 Kilogrm. Syrup waren blos 3 Mark theurer als der Honig, mithin gaben 25 Kilogrm. Syrup immer noch 2 Mark 25 Pfennige mehr Ertrag.

In manchen Gegenden, wo größtentheils gelbe Waare gebacken wird, glaubt man, der Syrup mache die Teige braun. Dem kann man aber abhelfen und dem Teige eine hellere Farbe geben. Beim Kochen von 25 Kilogramm Syrup stößt man 3 Kilogrm. Meliszucker, thut denselben in einen Kessel, gießt ¾ Kilogrm. Wasser darauf, setzt ihn aufs Feuer, läßt ihn einigemal aufkochen, schäumt ihn ab und vermischt ihn mit dem Syrup, wenn derselbe fertig gekocht ist.

Zweiter Abschnitt.

Die Anfertigung der Teige.

Alle verschiedenen vorkommenden Arten von Pfefferkuchen lassen sich, mit Ausnahme weniger Sorten, und der Lebkuchen aus folgenden drei Arten von Teigen zusammenstellen:

1) dem Syrupteig;

2) dem Honigteig;

3) dem Zuckerteig;

Als Grundsatz bei sämmtlichen Teigen steht fest, daß sie niemals zu fest gearbeitet werden dürfen; es ist besser, wenn man, der hohen Syrups- oder Honigpreise wegen, mehr Mehl unterbringen muß, bei Aufkochen des Syrups oder Honigs gleich etwas mehr Wasser zuzusetzen, als den Teig zu fest gearbeitet zu verbacken, will man gute Waare erlangen.

Auch muß der Syrup- und Honigteig längere Zeit, wenigstens drei Wochen, gelagert haben, ehe er verbacken wird. Nur der Zuckerteig muß nicht eher gefertigt werden, als ein bis zwei Tage vor dem Verbacken. Sollte durch unvermuthet schnellen Absatz der Syrup- oder Honigteig einmal schnell zu Ende gehen, so mache man gleich frische Teige an und nehme einen Theil alten Teig und zwei Theile neuen Teig zum Backen.

Die Aufbewahrung der Teige geschieht am zweckmäßigsten in einer kühlen Kammer oder Keller, welche jedoch nicht dumpfig sein dürfen, in halbdurchgeschnittenen Syruptonnen oder sonstigen, aus hartem Holze gefertigten, nicht zu tiefen Fässern oder Kisten. Die Anfertigung geschieht wie folgt:

1) Der Syrupteig.

Eine beliebige Quantität Syrup wird in einem Kessel aufs Feuer gebracht, wobei man auf 25 Kilogrm. Syrup 3½–4 Liter Wasser zuschütten kann. Lasse den Syrup so lange kochen, bis er zwischen zwei Fingern, wenn man die eine Fingerkuppe in den Syrup gethan hat, einen Faden zieht, welcher nicht durchreißt.

Dann nimmt man den Kessel vom Feuer und läßt den Syrup so lange abkühlen, bis man den Finger darin halten kann, ohne sich zu verbrennen (Fingerwärme).

Nun nimmt man Weizenmehl, welches zuvor gesiebt und zweite Sorte sein kann, und arbeitet mit einem hölzernen Spaten so viel Mehl darunter, daß es ein nicht zu fester Teig wird, und verwahret ihn in hölzernen Gefäßen an einem passenden Ort, jedoch wohl zugedeckt, um Unreinigkeiten fern zu halten.

2) Der Honigteig.

Man nehme einen Kessel und fülle denselben, aber nur zu 2/3 Theilen, mit Honig an, da derselbe beim Aufkochen leicht übersteigt, und setze ihn auf gelindes Feuer. Ist der Honig sehr dick, so muß er, bis er völlig geschmolzen, beständig umgerührt werden. Während dem Schmelzen schüttet man nach und nach auf 25 Kilogrm. Honig 6–6½ Liter Wasser zu, in welche 6 Eiweiß gequirlt werden, und läßt ihn dann aufkochen. Ist dieses erfolgt, so nehme man den Kessel vom Feuer und lasse den Honig durch ein Haarsieb passiren und so lange abkühlen, bis man den Finger darin leiden kann. Nun arbeite man so viel gesiebtes Weizenmehl darunter, daß es ein mäßig fester Teig wird. Das Mehl muß aber sehr gut mit dem Honig durchgearbeitet werden, daß keine Knoten oder Klümpchen mehr bemerkt werden. Was über die Aufbewahrung vorn gesagt, gilt auch hier.

3) Der Zuckerteig.

Dieser wird in drei verschiedenen Sorten angefertigt und, je nachdem man feinere oder geringere Bäckerei anfertigen will, angewendet. Es wird bei den einzelnen Sorten jedesmal angeführt sein, ob die eine oder andere Sorte in Anwendung kommen soll.

Erste Sorte Zuckerteig.

Nimm 5 Kilogrm. Zucker, 2½ Liter Milch in einen Kessel, bringe es auf Kohlenfeuer, und lasse dieses unter beständigem Durchschlagen mit einem Schneebesen aufkochen. Sobald es aufkocht, nehme man den Kessel vom Feuer und lasse den Zucker erkalten bis zu der Fingerwärme.

Dann nehme man 20 Stück ganze Eier und schlage sie mit dem Schneebesen tüchtig unter den aufgekochten Zucker und arbeite dann so viel Weizenmehl erster Sorte, welches zuvor gesiebt, darunter, als erforderlich, einen nicht zu festen Teig zu erhalten.

Zweite Sorte Zuckerteig.

Auf 5 Kilogrm. weißen Farin nehme man 3¾ Liter Wasser in einen Kessel, setze es auf Kohlenfeuer und lasse es aufkochen. Ist dieses erfolgt, so läßt man den Zucker bis zu der Fingerwärme erkalten und arbeitet dann mittelst des Schneebesens 20 Stück ganze Eier darunter und Weizenmehl erster Sorte soviel, als nöthig, einen nicht zu festen Teig zu erhalten.

Dritte Sorte Zuckerteig.

Auf 5 Kilogrm. gelben Farin 4 Liter Wasser in einen Kessel geschüttet, auf Kohlenfeuer gestellt und aufkochen, dann bis zur Fingerwärme den Zucker abkühlen lassen und Weizenmehl, welches zuvor gesiebt, soviel darunter gearbeitet, daß es ein nicht fester Teig wird.

Wie schon oben bemerkt, bemerke ich hier nochmals, diese drei Sorten Zuckerteige nicht eher anzufertigen, als einen, höchstens zwei Tage vor dem Verbacken, sonst wird es nie gute Waare werden.

Dritter Abschnitt.

Bearbeitung der Teige bis zum Backen.

Soll Kuchen gebacken werden, so ist es nöthig, so viel man backen will von den verschiedenen Arten Teigen, diese Abends vorher aus der Vorrathskammer in die erwärmte Backstube zu bringen, damit sich die Teige über Nacht erwärmen, wodurch sie zugleich wieder weich werden und sich überhaupt besser bearbeiten.

Der Teig wird nun auf die Breche genommen, wobei er auf die Fläche bei *e*, *f*, *g* und *h* gelegt wird. Niemals soll man aber mehr als 20 Kilogrm. Teig auf die Breche nehmen, weil sonst eine gleichmäßige Bearbeitung nicht möglich ist. Der Brechbaum wird in die Gabel gesteckt, ein Hülfsarbeiter ergreift die Spitze des Baumes und hebt und drückt den Baum immer gleichmäßig auf und nieder, damit der Baum immer den Teig gehörig durchdrücke.

Auf die Breche bei *c*, *d* setzt sich der Werkführer oder Gehülfe und wendet nach jedesmaligem Niederdrücken des Baumes den Teig gleichmäßig um.

Sollte der Teig durch längeres Liegen etwas hart geworden sein, so kann man Wasser bei ordinären Sorten, bei feinern Sorten Zuckerwasser zu Hülfe nehmen; niemals verarbeite man zu steife Teige.

Der Teig wird nun so lange durchgebrochen, bis sich, wenn man ihn mit dem Messer durchschneidet, keine Streifen oder Knoten mehr zeigen, sondern die Masse eine ganz gleiche Farbe zeigt; dann kann der Trieb untergebrochen werden. Als gewöhnliche Regel nehme man auf je 500 Grm. Honig- oder Syrupteig 2½ Grm. Pottasche. Zum Zuckerteig wird als Trieb nur kohlensaures Ammoniak angewendet und zwar auf je 500 Grm. Zuckerteig 8⅓ Grm. Ammoniak.

Soll Syrup- und Honigteig oder Zuckerteig und Honigteig im Gemisch verbacken werden, so muß erst jede Sorte Teig für sich bearbeitet, auch der Trieb in jeden besonders eingebrochen werden, und noch vor dem Zusammenbrechen von zwei verschiedenen Sorten Teigen von jedem eine Probe gebacken werden. Nur erst, wenn diese geräth, sind beide Teige gut untereinander zu brechen.

Würde man beide Sorten gleich zusammenbrechen, so würde bei etwaigem Mißrathen schwer nachzuhelfen sein, wenn namentlich Zuckerteig mit Honigteig verarbeitet werden soll.

Da die Pottasche sich nicht sogleich auflöst, so rathe ich, so viel an Kilogrammen Teig man backen will, Abends vorher die nöthige Pottasche mit Branntwein in einem irdenen Töpfchen einzuweichen. Am andern Tage wird diese auf einem Steine ganz fein gerieben. Man kann niemals den Trieb gehörig fein arbeiten, ehe er unter die Teige gearbeitet wird.

Der nach dem oben angegebenen Verhältniß zubereitete Trieb wird nun unter den Teig gebrochen, und zwar muß er so lange durchgebrochen werden, bis sich beim Durchschneiden des Teiges keine Streifen oder Flecken zeigen. Dann backe man eine Probe; geräth diese gut, so breche man, wenn Gewürze unter die Teige kommen sollen, auch diese unter und arbeite dann die bestimmten Sorten aus.

Sollte sich beim Probebacken jedoch zeigen, daß der Kuchen nicht genug aufgehen will, so muß noch etwas Trieb nachgebrochen werden, man nimmt hierzu aber nur kohlensaures Ammoniak. Geht der Kuchen nicht gleichmäßig auf, so ist es ein Anzeichen, daß der Teig sich mit dem Triebe noch nicht gleichmäßig vereinigt hat, und muß deshalb noch so lange durchgebrochen werden, bis er gleichmäßig aufgeht. Sollte der Teig zu sehr aufgehen, daß er zu porös ist, oder daß er nach dem Aufgehen wieder zusammenfällt, so muß noch etwas Teig, welcher noch nicht mit Pottasche versetzt ist, untergebrochen werden.

Ist der Kuchen gleichmäßig aufgegangen, zeigt aber Blasen auf der Oberfläche, so ist entweder der Ofen zu heiß, oder der Trieb ist zu kräftig. Man kann sich hier leicht helfen, wenn man die Kuchen auf verschiedenen Stellen vor dem Backen mit einer Gabel sticht (stüppen genannt).

Ist der Teig nach Wunsch gerathen, so nimmt man ihn auf den Werktisch und arbeitet ihn über die bestimmten Formen. Es wird nun zu einem Dutzend Kuchen das bestimmte Gewicht in die Wage gelegt und solches abgewogen, eine Länge daraus gemacht, so lang als das Kerbholz ist; dann wird das Kerbholz (Abdrückstock) darauf gedrückt, und in den Eindrücken durchschnitten. Hierauf werden die Kuchen mit dem Abdrückstock abgedrückt. Würde man sie mit dem Wellholze austreiben, so würden die Kuchen sich weder gut machen, noch schön aussehen.

Die Backbleche, worauf die Kuchen gebacken werden sollen, werden ganz schwach mit Mehl bestäubt oder mit ungesalzener Butter ganz schwach gestrichen und stark mit Mehl bestäubt.

Die Kuchen werden, sowie sie aus der Form kommen, mit einem Handbesen von dem während der Bearbeitung sich angehängten Mehle befreit und dann auf die Bleche nicht zu dicht gelegt.

Vierter Abschnitt.

Vom Backen der Pfefferkuchen.

Beim Heizen des Ofens sieht man darauf, daß es recht gleichmäßig geschehe und daß nach dem Heizen der Ofen gut gereinigt werde.

Ist dicker oder Suppenhonigkuchen zu backen, so ist dieser in die erste Hitze zu bringen, er verträgt dieselbe Hitze, als zum Brodbacken nöthig ist.

Sind schwache Kuchen zu backen, so mißt man die Hitze dadurch am besten, wenn man etwas Mehl in den Ofen streuet, und es liegt, ohne zu verbrennen, so ist die Hitze gerade angemessen. Wäre die Hitze etwas zu groß, so darf man nur einen der Deckenzüge öffnen, und der Ofen wird bald etwas abgekühlt sein.

Um zu wissen, ob der Kuchen gut ausgebacken sei, darf man nur mit dem Finger leise darauf drücken; bleibt keine Vertiefung bemerkbar, so ist er gut ausgebacken.

Soll der Honigkuchen schön aussehen, so darf der dicke oder Suppenkuchen dunkelgelb aussehen, sämmtliche andere Sorten aber müssen schön goldgelb gebacken werden. Noch will ich bemerken, daß sich Syrup oft sehr leicht dunkel bäckt, wenn die Hitze des Ofens etwas stark ist.

Ferner ist zu bemerken, daß beim Backen von Lebkuchen niemals Glanz (Dunst) im Ofen sein darf. Sollen die Lebkuchen in einem Bäckerofen gebacken werden, so werden solche am schönsten, wenn in dem Ofen bereits zweimal geheizt und gebacken worden ist. Der Ofen besitzt dann nicht mehr die nachtheilige flüchtige Hitze, sondern eine bereits abgekühlte Hitze mit dem erforderlichen Nachdruck und Stand. Ist der Ofen zu kalt, so fällt die Waare zusammen.

Fünfter Abschnitt.

Von den Glasuren zum Ueberstreichen der verschiedenen Arten Pfefferkuchen.

Manche Arten von Pfeffer- und Lebkuchen müssen, nachdem sie ordentlich ausgebacken und abgekühlt sind, noch glasirt werden. Dieses geschieht, je nach den verschiedenen Sorten, mit weißer oder brauner Glasur.

Das Verfahren dabei ist einfach folgendes: Der Kuchen wird auf Bleche gelegt und in den mäßig warmen Backofen gestellt. Hat er sich ordentlich durchwärmt, wird die Glasur mittelst eines Pinsels oder Bürste aufgetragen und dann wieder in den Ofen zum Abtrocknen gestellt. Der Ofen darf aber nicht zu warm sein, namentlich bei weißer Glasur, welche sonst leicht abspringen oder auch zu bräunlich werden würde.

Die Bereitung der Glasuren geschieht auf folgende Weise:

1) Weiße Glasur.

Man nehme 2 Kilogrm. ganz feingestoßenen, durch ein ganz feines Haarsieb gesiebten feinen Melis oder ordinären Raffinadezucker und schlage diesen mit 24 bis 28 Eiweiß, worin aber ja kein Gelbes sein darf, tüchtig schäumig, und setze nach und nach 3 bis 4 Eßlöffel starken Essig zu, damit die Masse schön weiß werde. Diese Arbeit erfordert, wenn die Glasur viel Ausbeute geben soll, wenigstens eine Stunde Zeit. Versetze dann die Glasur nach und nach mit soviel Wasser, daß sie 625 bis 750 Grm. feines Stärkemehl aufnimmt. Soll die Glasur zu ordinären weißen Kuchen dienen, so kann man auch 1 Kilogrm. Stärkemehl zusetzen.

2) Weißer Guß.

Dieser Guß wird zum Glasiren einiger Sorten Lebkuchen angewendet, ist aber auch, wenn die Eier sehr theuer oder gerade nicht vorräthig sind, zu gewöhnlichen Pfefferkuchen anzuwenden.

Je nachdem man viel oder wenig zu glasiren hat, nimmt man gestoßenen Raffinadezucker, thut ihn in ein Kasserol oder Pfanne, schüttet etwas Wasser darauf und setzt ihn auf Kohlenfeuer. Lasse den Zucker so lange kochen, bis er den Grad des großen Fluges erreicht hat. Dann nimmt man den Zucker vom Feuer und tablirt denselben mit einem hölzernen Koch- oder Rührlöffel, welcher etwas breit sein muß, damit er schnell abstirbt.

Das Tabliren geschieht auf folgende Weise: Man nimmt den Kochlöffel, thut ihn in den Zucker und reibt dann mit der hintern Seite des Löffels an den Seiten der Pfanne schnell hin und her. Der geriebene Zucker wird durch das Absterben weiß, wo man ihn dann mit dem Löffel zusammenstreicht und unter den Zucker rührt. Auf diese Weise fährt man fort, bis der Zucker eine weiße, nicht mehr durchsichtige Masse bildet. Dann ist der Guß fertig.

Das Auftragen auf die zu glasirenden Kuchen mit der Bürste muß nun so schnell als möglich geschehen, da der Zucker bald erhärtet. Sobald ein Blech voll Kuchen überstrichen ist, muß es in den warmen Ofen gestellt werden, damit sie Glanz bekommen.

3) Anderer weißer Guß.

566⅔ Grm. Meliszucker werden zum schwachen Faden gekocht, dann 4 Eiweiß zu Schnee geschlagen und, nachdem inzwischen der Zucker noch ein wenig fortgekocht hat, solcher unter fortwährendem Schlagen in den Schnee gegossen. Mit diesem Guß kann man sehr viel ausrichten, und wird derselbe auch schön.

4) Noch eine andere Glasur.

Man nimmt 2 Kilogrm. gestoßenen Meliszucker, übergießt solchen in einem passenden verzinnten Kesselchen von Kupferblech mit 416 Grm. Wasser und giebt noch dazu den Saft von drei Citronen. Man rührt um, bis aller Zucker vollkommen aufgelöst ist, und dann bringt man das Kesselchen über ein gelindes Feuer, am besten über Kohlenfeuer. Nun wartet man, ohne weiter umzurühren, das allmälig eintretende Sieden ab, wobei man den sich zeigenden Schaum, jedoch ohne umzurühren, mit einem Schaumlöffel entfernt; würde man umrühren, so gelangen Zuckertheile an die innere Wand des Kessels und nehmen eine röthliche Farbe an, wodurch die Glasur, anstatt weiß zu bleiben, röthlich gefärbt wird.

Das Sieden läßt man so lange anhalten, bis der entstehende Zuckersyrup, welcher die Glasur benannt wird, die richtige Konsistenz erlangt hat, d. h. bis die Glasur gehörig eingekocht ist; dies erkennt man auf folgende Art: Wenn die Glasur anfängt, so dick zu werden, wie gewöhnlicher Syrup, so nimmt man mit einem Holzstäbchen eine Probe heraus und streicht solche zwischen Daumen und Zeigefinger und versucht alsdann, ob der Zucker einen Faden spinnt; man wird anfänglich finden, daß sich nur ein schwaches Fädchen ausspinnen läßt, welches bald wieder abreißt; nun läßt man fernerweit sieden, wobei man öfters probirt, so lange, bis man einen ziemlich starken Faden spinnen kann, der nicht abreißt, wenn man Daumen und Zeigefinger so weit von einander entfernt, als man dies kann. Sobald der Zustand eingetreten ist, wobei der Zucker sich zu einem starken Faden ausspinnen läßt, ist die Glasur zur Anwendung zum Glasiren als fertig zu erachten.

Von diesem Zuckersyrup wird ein kleines Kesselchen voll mit etwas Citronensaft vermischt, und noch soweit zum Gebrauch eingesotten, bis die

Fadenprobe entstanden. Manche mischen unter die Glasur etwas Rosenwasser, um sie wohlriechend zu machen, doch ist dieser Geschmack vielen Personen nicht angenehm.

Beim Glasiren wird die Glasur auf ein schwaches Kohlenfeuer gestellt, um in warmem Zustand zu verbleiben. In die eine Hand nimmt man einen Lebkuchen, und mit der andern Hand trinkt man den Pinsel in die Glasur — dann trägt man möglichst rasch in ganz dünner Schicht in kleinen kreisförmigen Zügen die Glasur auf die obere Fläche des Lebkuchens, so daß dieser ganz mit Glasur überstrichen wird; dann setzt man die Lebkuchen auf Bretter in Reihe und Glied, welche Arbeit das "Wegsetzen“ benannt wird und ein Gehülfe besorgen muß, damit der glasirende Arbeiter ohne Unterbrechung fortarbeiten kann. Die glasirten Lebkuchen werden eine kurze Zeit an einem ziemlich warmen Orte auf Bretter einzeln ausgebreitet gebracht, wo nach wenigen Minuten der Zucker fest wird und die Lebkuchen das gesprenkelte überzuckerte und gefällige Ansehen erhalten.

Man erleichtert sich die Arbeit des Glasirens bedeutend und kann auch die Ränder der Lebkuchen besser mit Glasur treffen, wenn man, so viel man in einer Hand fassen kann, etwa 3-4-5 Stück Lebkuchen auf einmal in die Hand nimmt, den oberstliegenden glasirt und dann auf das Brett gleiten läßt.

5) Braune Glasur.

Man löse *Gummi arabicum* in Bier oder Wasser auf, bestreiche die erwärmten Kuchen damit und lasse sie in dem warmen Ofen gut trocknen. 125 Grm. Gummi, ½ Liter Wasser und 66⅔ Grm. Zucker noch zugesetzt, ist das gehörige Verhältniß.

Nachdem der Pfefferkuchen glasirt und gehörig abgetrocknet, muß er in verschließbaren Kästen an trocknen Räumen aufbewahrt werden, da namentlich bei feuchter Witterung der Kuchen leicht weich wird. Sollte er dennoch weich geworden sein, so setze man ihn in den warmen Backofen, damit er wieder schön krustig werde.

6) Andere braune Glasur.

Auf 100 Grm. aus Gerste bereitetes Luftmalzschrot gießt man 2¼ Kilogrm. Wasser, rührt beides gut durcheinander, setzt solches in einem Kessel über schwaches Feuer, bis es eine Wärme von 48 Grad nach Reaumur's Thermometer angenommen hat, und in genannter Wärme erhält man das Wasser mit dem Malz 5 Minuten lang, indem man abwechselnd das Gefäß vom Feuer entfernt und wieder darüber bringt; dann rührt man in die Mischung aus Wasser und Malz 1 Kilogrm. Kartoffelstärke, welche man zuvor in 2 Kilogrm. kalten Wassers aufgelöst hat.

Nun läßt man die ganze Masse über ganz schwachem Feuer sich auf 56 Grad nach Reaumur's Thermometer erwärmen, und, indem man das Gefäß abwechselnd vom Feuer entfernt und wieder darüber bringt, erhält man die Masse in einer Wärme von 56 Grad R. 20 bis 30 Minuten lang, so lange zwar, bis die anfänglich milchige und dickliche Flüssigkeit ziemlich dünnflüssiger geworden ist. Dann wird die Masse schnell durch einen Seiher geseiht, rasch wieder in das Siedgefäß gebracht, nachdem man die beim Durchseihen aufgefangenen Unreinigkeiten und groben Theile entfernt hat, und nun muß rasch das Feuer möglichst verstärkt werden, und hierdurch muß die Masse möglichst schnell zum vollkommenen Sieden gebracht werden.

Während des Siedens nimmt man den entstehenden Schaum mit einem passenden Schaumlöffel ab, und man fährt mit dem Sieden so lange fort, bis die Masse eine dickliche Konsistenz, etwa so dick als schwacher Syrup, erhalten hat, so daß sie sich zum Aufstreichen auf die Lebkuchen eben eignet.

Nun rührt man auf 500 Grm. der angewendeten Kartoffelstärke gerechnet 25 Grm. Pulver ein, welches Pulver in nachstehend zu beschreibender Weise angefertigt worden ist.

Unter 500 Grm. fein gestoßenen und gesiebten Raffinadezucker tröpfelt man 8⅓ Grm. ätherisches Lavendelöl, mischt beides gut unter einander und hebt es in gut verkorkten und mit einer Blase verbundenen Gläschen auf.

So füllt man ein zweites Gläschen mit 500 Grm. Zucker und 8⅓ Grm. ätherischem Citronenöle und ein drittes Gläschen mit 500 Grm. Zucker 8⅓ Grm. ätherischem Zimmtblüthenöle, hebt alles zum Gebrauche auf und nimmt von jedem 8⅓ Grm., zusammen 25 Grm., wie bemerkt.

Wenn die Lebkuchen nach der bekannten Manier mit kochendem Wasser behandelt (wobei dieselben entweder in das kochende Wasser getunkt oder auf beiden Seiten mit solchem rasch bestrichen worden sind, um die anhängenden Mehltheile zu entfernen) und wieder getrocknet worden sind, werden dieselben auf Bretter gesetzt und es wird der erste Anstrich aufgetragen, dann der zweite, dritte, Anstrich. Bei jedesmaligem Aufstreichen der Masse muß diese in warmem, besser noch heißem Zustand sein, und nach jedem einzelnen Aufstrich müssen die Lebkuchen auf den Brettern vollkommen in der Backofenhitze getrocknet sein, was man durch das Gefühl mit dem Finger oder der flachen Hand zu erkennen sucht; auch muß der zweite Aufstrich, sowie die folgenden, rasch vorgenommen werden, sobald die Lebkuchen aus dem Backofen auf den Brettern gezogen werden, damit das Aufstreichen auf die nach ganz heißen Lebkuchen bewirkt werden kann.

Sechster Abschnitt.

I. Abtheilung.
Die Bereitung der verschiedenen Arten von Pfefferkuchen.

1) Braunschweiger Honigkuchen.

Man nehme eine beliebige Quantität Syrupteig, welcher zu dieser Sorte von Kuchen auf die oben beschriebenen Arten gefertigt, aber statt Weizenmehl Roggenmehl genommen wird, da dieser Kuchen etwas dunkel aussehen muß.

Man arbeite längliche Streifen von 250 Grm. Gewicht, 16 Centim. lang und 6 Centim. breit. Drückt sie in eben so große Formen und lege Streifen an Streifen auf Bleche. Dieser Kuchen muß drei Finger hoch sein und etwas dunkel gebacken werden. Wird braun glasirt.

2) Gewöhnlicher Speise- oder Suppen-Honigkuchen.

Man nimmt zu gleichen Theilen Honig- und Syrupteig, arbeite ihn auf die oben beschriebene Weise, und ist die Probe gut, so werden Streifen, wovon jeder 116⅔ Grm. wiegt, von 16 Centim. Länge, 6–7 Centim. Breite gefertigt, über eben so große Formen gedrückt und Streifen bei Streifen in eine Reihe auf Bleche gestellt und schön dunkelgelb gebacken und braun glasirt.

3) Braunschweiger Honigkuchen aus Kartoffelsyrup.

Um den dicken Braunschweiger Honigkuchen aus Kartoffelsyrup zu bereiten, verfährt man folgendermaßen:

Soviel Stärkesyrup, als man zu Teig vorrichten will, wird in einem Kessel erwärmt, und wenn dies geschehen, folgende Farbe zugesetzt: Man erhitzt Stärkesyrup über Kohlenfeuer bei beständigem Umrühren, bis Blasen erscheinen, die einen Geruch nach gebranntem Zucker von sich geben, wo dann der Zucker im Syrup gebrannt ist und die flüssige Masse ganz dunkelbraun aussieht. Hierauf gießt man etwas heißes Wasser zu und mischt davon dem Stärkesyrup im Kessel soviel zu, bis die Kouleur eines hellbraunen Syrups vorhanden ist, und mischt dann eben so viel Weizenmehl ein, als man Syrup an Gewicht genommen hat.

Dieser Teig hält sich Jahre lang, kann aber auch frisch, sobald er nur erkaltet ist, verarbeitet werden.

Auf 20 Kilogrm. Teig nimmt man 166⅔ Grm. kohlensaures Ammonium, welches mit dem Inhalt einiger Eier abgerührt wird, und auf der bekannten Brechbank wird das Ammonium unter den Teig gearbeitet und möglichst gleichmäßig vertheilt, bis der Teig keine Streifen mehr zeigt und ein gleichförmiges Ansehen bekommen hat. Man mengt auch auf 20 Kilogrm. Teig 83⅓ Grm. Nelken und 83⅓ Grm. Ingwer unter, und nach Belieben Pomeranzenschalen. Die Pomeranzenschalen sind die gewöhnlichen, wie solche getrocknet im Handel vorkommen, und sie werden mit Wasser weich gesotten, dann in Stückchen von der Größe der Linsen zerschnitten — und diese Stückchen siedet man nochmals mit Stärkesyrup auf, und bewahrt sie zum Gebrauch auf.

Von dem Teig rollt man runde und lange Stücken, nur zu 2–3 Centim. Durchmesser, und setzt diese auf Bleche, wo man sie mit einem Rahmen von 4 viereckigen Holzstücken, die 7–9 Centim. im Quadrat stark sind, einsetzt. Die Bleche werden entweder mit Butter bestrichen oder mit Mehl bestreut, um das Anbacken zu verhüten. Das Ausbacken muß in einem nicht zu heißen Ofen geschehen. Bäcker können mit Vortheil den dicken Honigkuchen in dem Ofen ausbacken, nachdem eine Hitze Brod ausgebacken worden ist, wo dann, ohne frisch den Ofen zu heizen, noch die nöthige Wärme vorhanden ist.

Die ausgebackenen Honigkuchen werden auf der Oberfläche mit kochendem Wasser bestrichen, dann wieder getrocknet und nun auf Brettern aufgesetzt, mit Stärkekleister bestrichen, und zum Abtrocknen des Stärkekleisters wieder auf den Brettern in den Ofen gebracht.

Wie man vortheilhaft dem Honigkuchen einen hübschen Glanz geben kann, hierüber belehrt das Recept zum Glänzendmachen der braunen Lebkuchen, durch welches Verfahren die Honigkuchen auch gegen Milben geschützt werden.

4) Feine braune Scheibenpfefferkuchen.

Man nehme eine beliebige Quantität Honigteig, bearbeite ihn mit Pottasche, wie angegeben, und nachdem die Probe gut ist, bringe man auf je 5 Kilogrm. Teig 33⅓ Grm. gestoßenen Zimmt, 25 Grm. Nelken und 66⅔ Grm. Piment oder englisch Gewürz unter. Beim Ausarbeiten wäge man den Teig in einzelne Kilogramme und theile solche wieder nach der Größe in der anzufertigenden Scheiben, welche über runde und längliche Formen gearbeitet werden. Man schäle Mandeln und lege je nach der Größe der Scheiben 1 bis 4 von den geschälten Mandeln darauf. Die Scheiben werden goldgelb gebacken und braun glasirt.

5) Braune Scheiben-Honigkuchen.

Man nehme zu gleichen Theilen Syrup und Honigteig, bearbeite denselben wie gewöhnlich. Wenn Probe gemacht ist, bringe man auf je 5 Kilogrm. Teig 250 Grm. halbgestoßenen, zuvor ausgelesenen Anis und 66⅔

Grm. Piment unter. Wird in Scheiben gearbeitet, wie unter Nr. 4, goldgelb gebacken und braun glasirt.

Von diesem Teige werden auch die verschiedenen Figuren, als Männer, Herzen etc. gefertigt, wozu man ebenfalls hölzerne Formen haben muß. Diese werden mit weißer Glasur gestrichen und dann gemalt.

6) Ordinäre braune Scheiben-Honigkuchen.

Diese Sorte wird gewöhnlich zu Drei-, Fünfpfennig- und Zehnpfennig-Scheiben verarbeitet, doch kann man, um große Waare zu haben, auch größere Scheiben davon fertigen.

Man bereitet hierzu Teig auf die bekannte Weise, indem man zu 10 Kilogrm. Syrup soviel Wasser schüttet, daß er 20 Kilogrm. Mehl aufnimmt. Im Uebrigen ist die Bearbeitung ganz wie die vorstehende.

7) Wurm-Honigkuchen für Kinder.

Auf 5 Kilogrm. Syrupteig, wie gewöhnlich bearbeitet, nimmt man 375 Grm. Zittwersamen, welcher etwas gestoßen wird. Verarbeite den Teig in länglich-viereckige Scheiben, welche stark gebacken und weiß glasirt werden.

8) Brauner, ganz feiner Scheibenkuchen.

Man nehme eine beliebige Quantität Honigteig, arbeite denselben auf der Breche wie gewöhnlich durch, und wenn die Probe gebacken, arbeite man auf je 5 Kilogrm. Teig 83⅓ Grm. Zimmt, 50 Grm. Nelken, 500 Grm. gehackte Mandeln unter, backe denselben etwas scharf und glasire mit der weißen Glasur.

9) Brauner Tafel-Pfefferkuchen.

Zu gleichen Theilen Syrup- und Honigteig arbeite man, wie gewöhnlich, auf der Breche; nachdem die Probe genommen, wird noch auf je 5 Kilogrm. Teig 250 Grm. gut gereinigter Anis untergebrochen. Nun rolle man von diesem Teige kleine Finger starke Streifen und schneide diese wieder in 1 Centim. lange Stückchen, welche in ein feines Drahtsieb geworfen und so lange darin herumgerollt werden, bis sie rund werden. Sodann nehme man ein mit Butter schwach gestrichenes Blech und lege immer Nüßchen bei Nüßchen an einander, bis das Blech ¾ Theil voll ist. Nun nimmt man das Rollholz und rollt so lange auf dem Bleche, bis es von den ausgelegten Nüßchen voll wird. Werden langsam gebacken, schön goldgelb und unglasirt verkauft.

10) Braune Lebkuchen.

3 Kilogrm. guter Syrup und 2½ Kilogrm. Mehl werden zu Teig gemacht, 14 Tage lange liegen gelassen, 100 Grm. Pottasche, in Wasser gelöst, eingeknetet, nebst 250 Grm. Citronat, 250 Grm. Pomeranzenschalen, 1½ Kilogrm. Mandeln, 83⅓ Grm. Gewürznelken, außerdem Kardamomen, Pfeffer und Ingwer.

11) Eine andere Art.

2 Kilogrm. Honig, 2 Kilogrm. Mehl, 375 Grm. Mandeln, 16⅔ Grm. Gewürznelken, 16⅔ Grm. Zimmt, 16⅔ Grm. Kardamomen, 33⅓ Grm. Piment, 33⅓ Grm. Pottasche. Nach dem Backen läßt man sie kalt werden, taucht sie in kaltes Wasser und läßt sie im Ofen abtrocknen, oder bestreicht sie mit einem Absud von 1 Liter Bier, 133⅓ Grm. Zucker, 50 Grm. Stärkemehl und trocknet sie im Ofen.

12) Bremer Pfefferkuchen,

welche aus einem Teige von Roggenmehl und Honig, dem man beim Brechen etwas Syrup, Piment und Anis zusetzt, gebacken werden. Nach dem Rollen giebt man den Kuchen mit einer Form in der Mitte eine vierseitige Vertiefung und legt Mandeln und trockene Pomeranzenschalen darauf. Wenn die Kuchen nach dem Backen erkaltet sind, bestreicht man sie mittelst eines Strohwisches mit Wasser, schiebt sie noch einige Minuten in den Ofen und giebt ihnen dadurch eine braune und glänzende Farbe.

13) Thorner Pfefferkuchen

sind aus besserem Teige als die Bremer, erhalten gleichfalls Citronat und Mandeln und auf dieselbe Art Glanz, oder mit Erbsenmehl eine gelbliche Farbe. Diese Art Pfefferkuchen ist vorzüglich berühmt und soll ihre Güte dem langen Liegen des Teiges verdanken. 1 Kilogrm. Honig, 1 Kilogrm. Farinzucker, zusammen eingekocht, bis er Blasen wirft, 1 Kilogrm. Mandeln, 33⅓ Grm. Pottasche, Pfeffer, Zimmt, Nelken, Kardamomen, Muskatnüsse und Mehl sind die Bestandtheile des Teiges. Nach 24 Stunden wird der Teig gebacken.

14) Berliner Honigkuchen.

Man nimmt dazu 1½ Kilogrm. Mehl, 1 Kilogrm. Zucker, ¾ Liter Honig, 625 Grm. Mandeln, ½ Glas Branntwein, 33⅓ Grm. Muskatnüsse, Nelken, Koriander, Zimmt, ferner 125 Grm. Citronat und Pomeranzenschalen.

15) Französische Honigkuchen.

Man nimmt dazu 1 Kilogrm. Honig, 500 Grm. Zucker und 750 Grm. Mandeln; oder 500 Grm. Honig, 250 Grm. Zucker und 250 Grm. Mandeln; oder 500 Grm. Honig, 1 Kilogrm. Zucker und 750 Grm. Mandeln, 125–375 Grm. Pomeranzenschalen, 125–250 Grm. Citronat, etwa 33⅓ Grm.

Koriander, 33⅓ Grm. Nelken, 33⅓ Grm. Zimmt, 33⅓ Grm. Pottasche, etwas Branntwein, ½–1 Kilogrm. Mehl. Nach 8 Stunden wird der Teig gebacken, zuletzt mit Zucker glasirt und getrocknet.

16) Berliner Lebkuchen.

Man nimmt dazu 500 Grm. Honig, 500 Grm. Zucker, 1 Kilogrm. Mehl, und bereitet daraus einen Teig, den man einen Tag lang stehen läßt, alsdann werden einige Eier, 16⅔ Grm. Zimmt, 16⅔ Grm. Nelken, 8⅓ Grm. Kardamomen, das Gelbe einer Citrone, etwas Citronat und Pomeranzenschalen, 250 Grm. geschnittene Mandeln, 20⅚ Grm. Pottasche oder 2½ Grm. kohlensaures Ammoniak (in Wasser aufgelöst) hineingearbeitet, worauf der Teig rasch gebacken wird, und wenn die Lebkuchen aus dem Ofen kommen, werden sie mit bis zum Fadenziehen gekochtem Zucker bestrichen.

17) Englisches *Ginger-bread* nach Colquhoun.

Der Teig dazu enthält soviel Syrup, daß er durch Hefe nicht in Gährung versetzt werden kann. In England nimmt man dazu Mehl, Syrup, Butter, Pottasche und Alaun. Zuerst wird die Butter geschmolzen, und die Pottasche, sowie der Alaun, in ein wenig heißem Wasser aufgelöst, worauf dann diese drei Theile, nebst dem Syrup, mit dem Mehle gemengt und zu einem steifen Teige geknetet werden. Der Alaun wird hierbei von Vielen für ganz unwesentlich angesehen; er trägt aber gewiß nicht allein dazu bei, den Kuchen spröder zu machen, sondern entwickelt durch die Einwirkung auf die Pottasche einen Theil der zum Aufgehen des Teiges nöthigen Kohlensäure. Der Teig zum Ginger-bread muß übrigens mehrere, zuweilen 8–10 Tage stehen, bevor er den zum Backen nöthigen Grad von Porosität annimmt. Jedenfalls scheint sich die Kohlensäure nur aus der Pottasche, durch Einwirkung des Alauns sowohl, wie des Syrups, der immer von etwas saurer Beschaffenheit ist, zu entwickeln; denn läßt man die Pottasche aus dem Teige weg, so wird der Kuchen so hart und dicht, wie ein Stück Holz. Statt der Pottasche kann man auch kohlensaures Natron und kohlensaure Bittererde nehmen. Nach Colquhoun's Versuchen geben kohlensaure Bittererde und Weinsteinsäure ein viel besser schmeckendes und viel gesünderes *Ginger-bread*, als das gewöhnliche, welches noch eine ziemliche Menge unzersetzter Pottasche enthält. Er empfiehlt 500 Grm. Mehl, 8⅓ Grm. *Magnesia alba*, 4⅙ Grm. Weinsteinsäure, nebst dem nöthigen Syrup und Gewürz. Das Mehl wird nach diesem Verfahren zuerst mit der Magnesia gemischt und nun die geschmolzene Butter, der Syrup und die in ein wenig Wasser gelöste Säure hinzugegeben und alles gehörig durchgeknetet. Schon nach Verlauf von ½ oder 1 ganzen Stunde ist der Teig zum Backen fertig, wo er dann baldigst in den Ofen eingeschoben wird. Jedenfalls darf er vor dem Backen nicht über 2–3 Stunden stehen. Die Ingredienzien sind nach Colquhoun folgende:

Mehl	500	Grm.
Syrup	250	„
Puderzucker	125	„
Butter	66⅔	„
Magnesia alba	8⅓	„
Weinsteinsäure	4⅙	„
Ingwer	4⅙	„
Feiner Zimmt	4⅙	„
Muskatnuß	33⅓	„

Die Menge von Butter ist in diesem Recepte etwas größer, als sie sonst genommen wird.

18) Pfeffernüßchen zum Spielen.

Da in einer Pfefferkuchenbäckerei Scheiben, welche beschädigt werden, vorkommen und auch wohl einmal ein Backen theilweise mißlingt, so findet dieses hier seine Verwendung.

Man weiche die mißrathenen Scheiben mit so wenig, als möglich, Wasser auf und arbeite sie, wenn sie gehörig durchweicht sind, mit Mehl zu einem etwas festen Teig, nehme wieder frischen Trieb, wobei man nach Verhältniß des Gewichts ein Dritttheil mehr nimmt, als zu dem gewöhnlichen Teige, backe dann eine Probe, und wenn diese geräth, arbeite man noch auf je 5 Kilogramm Teig 250 Grm. gestoßenen Anis unter. Diesen Teig rollt man in federspulenstarken Streifen auf und schneide diese in kleine Stückchen von 6 Millim. Länge; nehme dann eine Partie in ein feines Drahtsieb, streue Mehl dazwischen und lasse sie in diesem herumrollen, bis sie rund werden; bestreue dann Bleche, welche möglichst hohe Ränder haben, mit Mehl, welches schwarzes Weizenmehl sein kann, und schütte dann die Nüßchen aus dem Siebe darauf; es muß aber immer Mehl dazwischen gestreuet werden, um das Zusammenkleben zu vermeiden. In dieser Weise wird das ganze Blech vollgemacht. Sie werden ganz langsam gebacken und nach dem Backen werden die etwa doch zusammengeklebten auseinander gemacht.

Dann wird das Mehl rein abgesiebt, und die Nüßchen sind zum Verkauf fertig.

19) Andere Art Pfeffernüsse.

Macht man aus einem Teige von 2½ Kilogrm. Syrup und 3½ Kilogrm. Mehl, dem man nach 8–14 Tagen 66⅔ Grm. Pottasche nebst Gewürze zusetzt, oder auch aus 8 Eiern, 1 Kilogrm. Zucker, 1 Kilogrm. Mehl und Gewürz.

II. Abtheilung.
Anfertigung der feinen Gewürzkuchen.

1) Ganz feiner Gewürzkuchen.

Man nehme halb Honigteig, halb Zuckerteig erster Sorte, arbeite erst jede Sorte mit dem nöthigen Triebe, wie oben angegeben. Nur wenn beide Teige gute Probe gegeben, arbeite man sie zusammen unter Beimischung folgender Gewürze: Auf je 5 Kilogrm. Teig nehme man 1 Kilogrm. Mandeln, welche in kleine Stückchen gehackt, zuvor aber gut ausgelesen sind, 375 Grm. kleinwürflig geschnittenen Citronat, 500 Grm. Pomeranzenschalen, welche in Zucker zuvor eingesotten und ebenfalls kleinwürflig geschnitten, 50 Grm. gestoßene Nelken, 166⅔ Grm. Kassia und 8⅓ Grm. Kardamomen. Am leichtesten arbeiten sich die Gewürze unter, wenn sie zuvor mit Wasser angefeuchtet sind.

Dieser Teig darf ja nicht fest gearbeitet werden. Nachher wird er in runden Scheiben von beliebiger Größe ausgearbeitet und langsam gebacken. Nach dem Backen wird er mit der weißen Glasur glasirt und mit aufgelegtem roth- und weißglasirtem Marcipan verziert. Die Anfertigung dieses Marcipans ist weiter unten beschrieben.

2) Feiner Gewürzkuchen.

Man nehme vom Honigteige 2 Theile, von dem Zuckerteige 1 Theil, bearbeite ihn, wie vorstehend beschrieben, nur nimmt man an Gewürzen wie folgt: Auf je 5 Kilogrm. dieses Teiges 750 Grm. kleingehackte Mandeln, welche zuvor wohl ausgelesen sind, 250 Grm. würflig geschnittenen Citronat und 250 Grm. in Zucker eingesottene Pomeranzenschalen, ebenfalls kleinwürflig geschnitten, 33⅓ Grm. gestoßene Nelken und 133⅓ Grm. Kassia gestoßen. Die übrige Bearbeitung, Backen und Verzieren, wie bei Nr. 1 beschrieben.

3) Mittlere Sorte Gewürzkuchen.

Man nehme 2 Theile Honigteig, 1 Theil Zuckerteig, bearbeite ihn wie gewöhnlich und setze dann an Gewürzen 500 Grm. kleingehackte rohe

Mandeln, 33⅓ Grm. Nelken und 133⅓ Grm. Kassia zu. Die übrige Bearbeitung wie bei Nr. 1.

Von dieser Sorte werden auch kleine länglich-viereckige Scheiben gefertigt, welche weißglasirt und in Packeten zu 25 und 50 Pf. verkauft werden. In den 25-Pfennig-Packeten sind 5 Scheiben von je 16⅔ Grm. schwer.

4) Weiße Nürnberger Lebkuchen (12 Stück).

1½ Kilogrm. Mandeln werden mit kochendem Wasser überbrüht, die Haut abgeschält, klein geschnitten und auf einem Blech erhitzt (geröstet), bis sie gelblich sind. Unterdessen öffnet man 30 Eier, trennt das Weiße sorgfältig von dem Gelben, schlägt ersteres zu Schaum (es darf nichts Gelbes unter demselben bleiben, indem sonst kein rechter Schaum entsteht), rührt unterdessen auch das Gelbe mit 1½ Kilogrm. gestoßenem, getrocknetem Zucker ½ Stunde mit 133⅓ Grm. geschnittenen Pomeranzenschalen, 133⅓ Grm. Citronat, 16⅔ Grm. Zimmt, 4⅙ Grm. Kardamomen und 1⅔ Grm. Nelken, mischt es zu dem Schaume, setzt die Mandeln zu, nebst 1½ Kilogramm getrocknetem Mehle, streicht die Mischung auf Oblaten und läßt sie bei gelindem Feuer langsam backen.

5) Weiße Lebkuchen.

500 Grm. Zucker mit 1/8 Liter Wasser oder Milch gekocht, 625 Grm. Mehl darunter gerührt, nach einigen Stunden 16⅔ Grm. Zimmt, 8⅓ Grm. Nelken, 8⅓ Grm. Kardamomen, 4 Eidotter, 8⅓ Grm. Pottasche (diese wird stets in Wasser gelöst angewandt) oder 1⅔ Grm. kohlensaures Ammoniak.

6) Feine Tafel-Gewürznüßchen.

Man nehme 1 Theil Honigteig und 1 Theil Zuckerteig, bearbeite ihn wie gewöhnlich, und breche, nachdem die Probe genommen, 1½ Kilogrm. rohe, kleingehackte Mandeln, 375 Grm. Citronat, 500 Grm. Pomeranzenschalen, 166⅔ Grm. Zimmt, 50 Grm. Nelken und 16⅔ Grm. gestoßene Kardamomen auf je 5 Kilogrm. Teig unter.

Von diesem Teige rolle man fingerstarke Streifen und schneide 1 Centim. lange Stückchen davon, welche man in einem feinen Drahtsiebe mit etwas Mehl rund rollt. Nun setze man diese Stückchen auf ein mit Butter schwach gestrichenes Blech, doch nur ¾ Theile des Bleches voll. Dann nimmt man ein Rollholz und rollt so lange bis das Blech ganz voll ist. Backe sie bei langsamer Hitze und glasire sie mit weißer Glasur.

7) Weiße Nürnberger Pfeffernüßchen.

Diese weißen Pfeffernüßchen, welche auch Leckerle und Plätzle genannt werden, werden von Nürnberg aus weit versendet und sind ein allgemein beliebtes Gebäck, welches sich auch besonders zum Dessert bei Punsch und Wein eignet.

Man nimmt hierzu: 20 ganze Eier, 2 Kilogrm. feingestoßenen und feingesiebten Meliszucker und schlägt beides ziemlich dick wie Bisquit; hierauf fügt man 25 Grm. feingeriebenes Hirschhornsalz (*Ammonium bicarbonicum*), 50 Grm. Zimmt, 16⅔ Grm. Nelken, 8⅓ Grm. Zimmtblüthe, 5 Grm. Kardamomen, 5 Grm. Macisnüsse und eben so viel Macisblüthe und Ingwer, auch das Gelbe von 2 Citronen zu und mischt all dieses, welches selbstverständlich fein zubereitet sein muß, mit 2¼ Kilogrm. feinstem Weizenmehle darunter.

Von dieser Masse nimmt man Stücken zu 250–500 Grm. schwer und breitet solche mit einem runden Holz von etwa 4 bis 7 Centim. Durchmesser und an beiden Seiten vorstehenden Handhaben, dem sogenannten "Längholz", so weit aus, daß die ausgeflächte Tafel oder der Küchner 3 Millim. dick wird; nun sticht man kleine runde Kuchen oder Plätzle hiervon aus, welche Arbeit man das "Ausstechen" nennt; man benutzt hierzu ein kleines Instrument, welches vom Klempner verfertigt und der "Ausstecher" genannt wird. Es ist dies ein runder hohler Cylinder, an beiden Enden offen und 7 bis 9 Centim. lang, die Oeffnung an dem einen Ende ist 18 Millim. im Durchmesser, und die am andern Ende 2 Centim. weit. Die engere Oeffnung wird scharfkantig gefeilt, und die weitere bekommt durch Umniethen des Bleches einen Kranz oder Kragen in abgerundeter Form. Den Ausstecher nimmt man der Art in die Hand, daß das abgerundete weitere Ende in der Fläche der Hand steht, und so sticht man 3, 4, 5 bis 6 kleine runde Kuchen oder Plätzle nach einander aus, welche man dann durch einen sanften Stoß mit dem weitern Ende des Ausstechers auf den Tisch oder die Arbeitstafel auf diese ausschüttet; man bekommt somit kleine runde Kuchen oder Plätzle von 18 Millim. Durchmesser und 3 Millim. Dicke. Behufs des Auslängens der Masse streut man dabei Weizenmehl unter, um das Ankleben zu hindern, welches Mehl jedoch vor dem Ausstechen von den beiden Seiten der ausgelängten Tafel oder großen Kuchens mit dem Borstbesen durch Abkehren möglichst wieder entfernt werden muß. Die nach dem Ausstechen von jedem einzelnen Kuchen übrig bleibende zerstückte Masse wird zu dem demnächst auszulängenden Kuchen untergearbeitet.

Die ausgestochenen Kuchen oder Plätzle werden auf Bleche aufgesetzt, welche man mit Wachs bestrichen hat; hierzu werden die Bleche etwas erwärmt, dann mit einem Stück Wachs überfahren, und die nun entstandenen Wachsstreifen werden mit einem mit Leder überzogenen Polster gleichmäßig auf der Fläche des Bleches ausgebreitet. Auf die mit Wachs bestrichenen und wieder erkalteten Bleche werden die ausgestoßenen

Plätzle aufgesetzt, wobei man hauptsächlich zu beobachten hat, daß jedes einzelne Plätzle auf den Blechen mindestens 12 Millim. von dem zunächst liegenden entfernt aufgesetzt wird, dies zwar deshalb, weil die Plätzle während des Backens bedeutend fließen, d. h. in Umfang viel größer werden, so daß sie nach dem Backen meistens reichlich 2 Centim. Durchmesser des Bodens haben, und durch das Aufsetzen in 1 Centim. Entfernung von einander verhindert man das Zusammenfließen.

Die auf dem Bleche aufgesetzten Plätzle stellt man 1 bis 2 Stunden an einem warmen, doch nicht zu warmen Ort, so lange zwar, bis sie eine schwache Kruste auf der Oberfläche bekommen haben. In diesem Zustande dürfen aber die Plätzle noch nicht behufs des Backens in den Ofen gebracht werden, sondern man muß zuvor noch eine anderweite Arbeit mit ihnen vornehmen, welche man das "Spritzen" nennt. Dieses Spritzen verrichtet man auf folgende Weise:

Man benutzt hierzu eine langborstige Bürste, die Streichbürste genannt, wie solche von den Bäckern zum Bestreichen des Brodes mit Wasser angewendet wird. Diese Bürste taucht man in kaltes Wasser, giebt dann einen Schwung mit der Hand, um hierdurch das zu viele Wasser zu entfernen, und nun hält man mit der einen Hand die mit Wasser befeuchtete Bürste oberhalb der mit den Plätzchen besetzten Bleche und fährt mit der andern Hand über die Fläche der Borsten, wodurch man zu bewirken sucht, das kleine Wassertropfen möglichst gleichmäßig auf der Oberfläche sämmtlicher Plätzle vertheilt werden. Dieses Spritzen hat zum Zweck, daß die Pfeffernüßchen während des Backens feine Rißchen bekommen und somit ein gefälliges, den Makronen ähnliches Ansehen erhalten; würde man das Spritzen unterlassen, oder gelangen auf einzelne Plätzle keine Wassertropfen, so bekommen die Pfeffernüsse ein unliebes Ansehen. Zu viel und zu wenig taugt bei dem Spritzen nichts, und der goldne Mittelweg ist hierbei, wie in allen Sachen, der beste.

Die bespritzten Plätzle kommen nun sofort und ohne Verzug behufs des Backens in den Backofen oder in die Backröhre. Die Hitze des Ofens darf nicht zu grell, aber auch nicht zu gering sein, und es vertragen die Plätzle einen etwas heißen Ofen nicht allein, sondern werden auch von Ansehen schöner als in einem zu kühlen Ofen, worüber am besten die Erfahrung bald belehrt.

8) Eine noch feinere Sorte Pfeffernüßchen.

Man nimmt hierzu dieselbe Masse, wie vorstehend beschrieben, und behandelt dieselbe auch ebenso, fügt aber noch zu: 125 Grm. Citronat, 83⅓ Grm. Orangeat, 125 Grm. süße Mandeln, was alles fein gehackt wird. Die Mandeln kann man auch abbrühen, enthäuten, dann trocknen und stoßen und hochgelb rösten, wodurch sie einen noch schöneren aromatischen Geschmack bekommen.

Auch kann man etwas Muskatnuß, Perubalsam und Vanille zusetzen, und es bekommen diese Plätzchen dann einen so angenehmen Geschmack, daß sie manchem viel kostspieligeren Backwerke vorzuziehen sind.

9) Eine wohlfeilere Sorte der weißen Pfeffernüsse

erhält man nach folgender Vorschrift: Man nimmt 666⅔ Grm. frische nicht abgerahmte Milch, erwärmt diese und löst darin auf: 2 Kilogrm. feingestoßenen Meliszucker, dann mengt man unter: 2½ Kilogrm. feines Weizenmehl, welches getrocknet und durch ein feines Sieb geschlagen worden ist, dann mengt man unter: klar gestoßenes oder gemahlenes Gewürz, so viel man will und nach den Verkaufspreisen für angemessen hält. Wenn die anfänglich warme Masse ziemlich abgekühlt ist, mengt man darunter: 29 Grm. kohlensaures Ammonium, welches man mit dem Weißen und Gelben von 10 Stück Hühnereiern gut zusammengerührt hat. Die Masse wird nun durch wiederholtes Auslängen und Zusammenschlagen so lange gemengt, bis das Ammonium möglichst gleichmäßig in der ganzen Masse vertheilt ist, was man daran erkennen kann, wenn die Masse keine Streifen mehr zeigt, vielmehr ein ganz gleichförmiges Ansehen zeigt, wobei man Weizenmehl unterstreut, um das Ankleben zu verhüten. Behufs des Unterstreuens von Weizenmehl behält man von diesem von der vorgeschriebenen Quantität etwa 500 Grm. zurück und verwendet dieses zum Unterstreuen, weil außerdem zu viel und mehr, als gehörig, Mehl in die Masse kommen würde.

Die übrige Behandlung mit Ausstechen, Trocknen, Spritzen und Backen ist ganz dieselbe, wie bei der feinen Sorte.

III. Abtheilung.
Anfertigung der verschiedenen Sorten von Lebkuchen.

1) Baseler Mandelkuchen.

Zu den Baseler Mandelkuchen nimmt man auf 2 Kilogrm. guten Honig noch einmal so viel hellen Farin- oder Rohzucker und mengt beides recht innig durcheinander. Hierauf werden 15 ganze Eier gut schaumig geschlagen und dem Honig zugesetzt. Ist der Eierschaum gut untergerührt, dann setzt man noch 66⅔ Grm. kohlensaures Ammonium, 166⅔ Grm. Zimmt, 50 Grm. Nelken, 33⅓ Grm. Zimmtblüthen, 16⅔ Grm. Kardamomen und je 8⅓ Grm. Macisblüthe und Macisnüsse, auch das abgeriebene Gelbe von 4 Citronen zu, und mischt endlich 5½ Kilogrm. feinstes Weizenmehl darunter. Diese Teigmasse nimmt man nun unter die Breche und setzt noch 166⅔

Grm. kandirte Pomeranzenschalen, 250 Grm. Citronat, welches alles klein gehackt ist, und 1⅓ Kilogrm. Mandeln zu, welche der Länge nach ein- oder zweimal durchschnitten sind.

Die nun in beschriebener Weise hergestellte Teigmasse wird sofort zum Ausformen der einzelnen Lebkuchen-Tafeln verwendet, und ist es rathsam, die frische Masse sofort aufzuarbeiten, in keinem Fall aber darf die Masse über Nacht stehen bleiben.

Um dem Baseler Mandelkuchen die zweckmäßige Dicke zu geben, nimmt man zu 1 Stück Lebkuchen von 8 Centim. Breite und 12 Centim. Länge 66⅔ Grm. Mandelkuchenmasse. Die Masse wird behufs des Ausformens mit einem passenden Instrument, das "Abdrückholz" genannt, zu der gewünschten Fläche möglichst gleichmäßig dick ausgearbeitet, wobei man, um das Ankleben zu hindern, Weizenmehl unterstreut. Das hierzu zu verwendende Mehl, welches man "Arbeitsmehl" benennt, muß zuvor in der Ofenwärme wohl ausgetrocknet, aber wieder vollkommen kühl geworden sein, denn würde man feuchtes Mehl anwenden, so bleiben trotz des Abkehrens der ausgeformten teigigen Lebkuchen Mehltheile daran hängen, und ist das Arbeitsmehl nicht abgekühlt, so hat man erschwerte Arbeit beim Ausformen. Ein sogenanntes Welcherholz, wie solche die Bäcker zum Ausbreiten der Kuchen brauchen, darf man nicht hierzu anwenden, auch nicht das sogenannte runde Längholz, welches der Lebküchner bei solchen Lebkuchensorten nur benutzt, die keine Mandeln enthalten. Man erleichtert sich die Arbeit des Abdrückens, wenn man die einzelnen Tafeln vorerst nur bis zur Hälfte oder ¾ des Umfanges ausbreitet, welchen sie wirklich bekommen sollen, und dann legt man 2 Tafeln aufeinander und giebt ihnen durch ferneres Ausbreiten mit dem Abdrückholz die gewünschte Größe, bei welcher dieselben in die Form passen. Die eben beschriebene Arbeit des Ausbreitens der einzelnen Lebkuchen nennt man das Abdrücken. Die abgedrückten Tafeln werden einzeln Stück um Stück noch in eine hölzerne Form geschlagen, welche Arbeit man das "Einschlagen" nennt. Man beobachtet dabei folgendes Verfahren:

Jede Tafel wird auf der Fläche, welche in der Form nach unten zu liegen kommt, vor dem Einlegen in die Form mit dem Borstbesen abgekehrt, und nach dem Einlegen kehrt man die zweite nun oben liegende Fläche ebenfalls ab. Dann dehnt man durch Andrücken mit den Fingerspitzen die Masse bis an den Rand der Form und hierbei schiebt man die an den Rändern liegenden Mandelstückchen nach innen zu, wodurch die Lebkuchen einen hübschen Rand bekommen. Nun giebt man einen mäßigen Druck mit dem Ballen der Hand, und dann nimmt man durch Aufschlagen der Form auf den Tisch den ausgeformten Lebkuchen heraus und legt Stück um Stück in gerader Reihe und Glied auf ein Brett. Wenn ein Brett voll gesetzt ist, so überfährt man in runder, kreisförmiger Armbewegung die Lebkuchen mit dem Borstbesen, um die während der Arbeit darauf niedergefallenen Mehltheile zu entfernen.

Nach dem Einschlagen stellt man die Bretter mit den Lebkuchen auf einige Stunden an einen kühlen Ort, in welcher Zeit die Mehltheile, welche durch das Abkehren nicht sämmtlich entfernt worden sind, von selbst verschwinden, und hierdurch erlangt die Waare nach dem Backen ein schöneres Ansehen.

Das Backen geschieht auf Blechen, welche man, um das Anbacken zu hindern, mit Wachs bestreichen muß, wodurch die Lebkuchen reinlicheren Boden bekommen, als wenn man Mehl unterstreuen wollte. Es darf auch deshalb kein Mehl auf die Bleche gestreut werden, weil, selbst wenn man die gebackenen Lebkuchen auch sorgfältig abkehrt, dann immer noch Mehltheile in den kleinen Grübchen und Vertiefungen sitzen bleiben, welches Mehl unreinliches Ansehen giebt, mehr noch aber schadet, weil bei längerem Lagern der Lebkuchen sehr leicht Milben durch die Mehltheile entstehen. Die braunen Lebkuchen werden zwar auf untergestreutem Mehl gebacken, allein diese Sorten werden mit heißem Wasser auf beiden Seiten bestrichen, wenn sie gebacken sind, und hierdurch alle Mehltheile entfernt, welches Abstreichen mit heißem Wasser bei den Baseler Mandelkuchen nicht geschehen darf.

Um die Bleche zweckmäßig mit Wachs zu bestreichen, werden dieselben im Backofen erwärmt, dann mit einem Stück Wachs überfahren, und das in Streifen aufgestrichene Wachs wird mit einem ledernen Bolzen gleichförmig auf der Fläche der Bleche verbreitet. Nun setzt man die Lebkuchen auf die Bleche und hierbei hat man hauptsächlich zu beobachten, daß jeder einzelne Lebkuchen von dem nächstliegenden auf allen 4 Enden mindestens 4⅙ Centim. weit entfernt zu liegen kommt, dieses deshalb, weil die Lebkuchen während des Backens etwas fließen und hierbei einen größeren Umfang bekommen, als sie vor dem Backen hatten, und wenn man zu eng an einander aufsetzen würde, so fließen die Lebkuchen zusammen und bekommen übel aussehende Ränder.

Das Backen selbst darf nicht in einem zu heißen Ofen vorgenommen werden, vielmehr muß der Ofen gut verkühlt sein. Vor dem Einbringen der Lebkuchen in den Ofen muß man stets die Züge des Ofens auf einige Minuten öffnen, damit aller Dunst aus dem Ofen abziehen kann; wenn Dünste in dem Ofen bleiben, so bekommen die Lebkuchen eine rissige Oberfläche, was dieser Waare ein fatales Ansehen giebt.

Die ausgebackenen Lebkuchen werden auf einige Stunden, am besten über Nacht, an einem ziemlich warmen Ort auf Bretter gestellt, wobei man beobachten muß, daß die einzelnen Lebkuchen nicht flach auf einander zu liegen kommen, sondern auf der Längenkante stehen; sie würden sich sonst durch ihr eigenes Gewicht einigermaßen nachtheilig zusammendrücken. Die nach dem Backen in besagter Weise noch getrockneten Lebkuchen werden nun glasirt. Man giebt nämlich den Baseler Lebkuchen einen schwachen Anstrich auf der obern Fläche mit gesottenem Zucker, welcher, wieder erhärtend, den Lebkuchen ein gesprenkelt überzuckertes und gefälliges Ansehen giebt; die betreffende Arbeit nennt man das Glasiren.

2) Baseler Lebkuchen.

Nimm 2 Kilogrm. Syrup, lasse ihn so lange aufkochen, bis ein Tropfen davon, auf einen kalten Teller getropft, stehen bleibt, ohne breit zu laufen. Lasse dann den Syrup bis zur Fingerwärme abkühlen, und arbeite soviel gesiebt feines Weizenmehl hinein, daß es ein nicht fester Teig wird. Lasse diesen Teig zwei Tage stehen, dann weiche und arbeite 100 Grm. Pottasche ganz fein, und nimm 66⅔ Grm. Zimmt, 16⅔ Grm. Nelken, 8⅓ Grm. Kardamomen, 8⅓ Grm. Macisnüsse, 4⅙ Grm. Pfeffer, 8⅓ Grm. Ingwer, alle Gewürze fein gestoßen, und arbeite dieses alles recht tüchtig unter den Teig. Rolle dann denselben 3 Millim. stark aus und fertige 9½ Centim. lange, 6 Centim. breite länglich-viereckige Scheiben davon. Lege diese Scheiben in kleinen Entfernungen auf ein schwach mit Butter gestrichenes Blech und backe es bei langsamer Hitze. Werden mit dem Guß unter den Glasuren (siehe Nr. 2) weiß glasirt.

3) Feine braune Nürnberger Mandelkuchen.

Man nimmt 20 Kilogrm. guten lichten Syrup, 10 Kilogrm. reinschmeckenden Honig, 2½ Kilogrm. Rohzucker und 2½ Kilogrm. Wasser, bringt die Masse zusammen in einem großen Kessel zum Sieden, wobei man gut umrührt, abschäumt und darauf sieht, daß sie nicht überläuft. Beim Steigen zieht man die Feuerbrände etwas zurück, schöpft etwas davon aus und gießt es beim Sinken wieder zu. Im Nothfalle muß man etwas kaltes Wasser zugießen, um das Ueberkochen zu hindern. Ist die Masse mehrmals gestiegen und bleibt ein Tropfen davon auf dem Nagel in runder Form stehen, so schöpft man dieselbe aus. Hierauf rührt man unter die süße Flüssigkeit: 1 Kilogrm. Zimmt, 375 Grm. Nelken, 250 Grm. Zimmtblüthen, 166⅔ Grm. Kardamomen, 33⅓ Grm. Macisnüsse, 50 Grm. Macisblüthen, 33⅓ Grm. Ingwer und 33⅓ Grm. Galgantwurzel.

Sämmtliche Gewürze werden zerstoßen oder auf einer Gewürzmühle gemahlen, dann durch ein Sieb geschlagen. Das Sieb hierzu darf nicht zu feine und nicht zu weite Maschen haben, sondern so, daß noch Gewürztheile von der Stärke des feinen Weizengries durchfallen können. Gemahlene Gewürze darf man nie kaufen, sie sind meistens verfälscht. Wenn das Gewürz in der süßen Flüssigkeit möglichst gleichmäßig durch Umrühren vertheilt ist, rührt und mengt man dazu: 30 Kilogrm. feines Weizenmehl, welches wohl angetrocknet und durch ein feines Sieb geschlagen worden ist, und stellt nun eine gleichmäßige Teigmasse her, wozu man sich eines Rührscheites oder Maischscheites bedient.

Der somit hergestellte Teig kann, sobald er nur kalt geworden ist, weiter zu Mandelkuchen verarbeitet werden, doch thut man wohl, den Teig zuvor 8 bis 14 Tage an einem kühlen Ort liegen zu lassen, und wer es haben kann, thut noch besser, den Teig auf 3 bis 6 Monate in Vorrath zu halten.

Will man Mandelkuchen anfertigen, so wird eine beliebige Portion Teig abgewogen und in Arbeit genommen.

Auf 20 Kilogrm. Teig nimmt man 166⅔ Grm. Pottasche, 41⅔ Grm. kohlensaures Ammonium, welche beide Artikel mit 4 Stück frischen Hühnereiern (Weißes und Gelbes der Eier zusammen) gemengt unter den Teig gearbeitet werden. Diese Arbeit verrichtet man mit der bekannten Brechbank und setzt sie so lange fort, bis man an dem Teig keine Streifen mehr bemerkt und die ganze Masse ein gleichfarbiges Aussehen erlangt hat. Während dieser Arbeit, die man das Brechen benennt, streut man von Zeit zu Zeit kleine Portionen Weizenmehl unter, um das Ankleben zu hindern.

Nun bringt man den Teig auf eine lange Arbeitstafel und längt solchen zu einer langen und runden Wurst von 7–9 Centim. Durchmesser aus, dann streut man unter: 2 Kilogrm. Mandeln (auf 500 Grm. Teig 50 Grm.), 250 Grm. Citronat, 250 Grm. kandirte Pomeranzenschalen (auf 500 Grm. Teig 8⅓ Grm. oder 4⅙ Grm. von jedem), das Gelbe von 4 Stück Citronen.

Die Mandeln werden in kleine eckige Stückchen geschnitten, etwas kleiner, als die Dicke der fertigen Mandelkuchen beträgt, dann über Kohlenfeuer, mit Zuckerwasser besprengt, etwas geröstet; die Citronat- und Pomeranzenschalen werden in Stückchen von der Größe der Linsen geschnitten, und das Gelbe wird von den Citronen mit einem sogenannten Reibeisen abgerieben, wobei man etwas gestoßenen Meliszucker unterstreut, damit dieser die feinen Oeltheilchen einsaugen kann. Dieser Zucker wird sammt der gelben abgeriebenen Citronenschale unter den Teig gemengt und gleicht zugleich das wenige Mehl ziemlich aus, welches beim Brechen unter den Teig gekommen ist. Die Mandeln etc. haften nun an der ausgelängten Wurst, und diese wird nun zu einem dicken Stück zusammengeschlagen, wiederholt ausgelängt und zusammengeschlagen, und man setzt dieses so lange fort, bis die Mandeln etc. möglichst gleichmäßig in der Teigmasse vertheilt und keine Streifen mehr sichtbar sind.

Nunmehr werden Stückchen Mandelteig abgewogen, und aus diesen die einzelnen Tafeln durch Abdrücken ausgeflächt und dann in die Form geschlagen. Zu einem Mandelkuchen von 38 bis 44 Quadrat-Centim. Oberfläche nimmt man 66⅔ Grm. Mandelkuchenteig, wobei der

Mandelkuchen die verhältnißmäßige und richtige Dicke bekommt. Zu größerm Format nimmt man nach Verhältniß etwas mehr Teig als 66⅔ Grm. zu 38 bis 44 Quadrat-Centim. Fläche, weil diese etwas dicker ausfallen müssen. Die Handgriffe und was sonst beim Abdrücken und Einschlagen zu beobachten ist, findet man in dem Recept zu den feinen Baseler Mandelkuchen beschrieben. Jeder einzelne Mandelkuchen wird vor dem Backen mit Citronat belegt, welcher in ganz dünne Scheibchen geschnitten werden muß, weil sonst zu viel aufgeht, da je nach der Größe der Mandelkuchen 3 bis 5 Stückchen aufgelegt werden.

Der Ofen darf nicht zu heiß zum Backen derselben und kein Dampf im Ofen sein.

Wenn die gebackenen Mandelkuchen erkaltet sind, werden sie mit dem Borstbesen wohl abgekehrt und dann auf beiden Seiten mit kochend heißem Wasser bestrichen. Zu dieser Arbeit legt man die Mandelkuchen auf ein Brett mit vertieften Längen-Ausschnitten oder Rinnen, so zwar, daß der Boden der Mandelkuchen noch oben liegt; nun wird der Boden mit kochend heißem Wasser überstrichen, dann die Lebkuchen umgewendet und die obere Fläche ebenfalls mit kochend heißem Wasser überstrichen. Dann legt man die gestrichenen Mandelkuchen mit den Böden unten auf ein Tuch von grober Leinwand, damit dieses die Wassertropfen einsaugen kann, wozu wenige Minuten genügen, und von diesem Tuch setzt man die Mandelkuchen auf erwärmte Bretter und läßt sie einige Stunden an einem warmen Ort stehen, damit sie vollkommen trocken werden. Während dieser Zeit zieht man zwischen Brett und den Böden der Lebkuchen einige Mal einen schwachen Bindfaden durch, welche Arbeit man das Lüften nennt, und man hindert hierdurch das Anbacken der feuchten Lebkuchen an die Bretter.

Die gestrichenen und wieder getrockneten Mandelkuchen kommen nun auf Bretter, auf welchen sie in dem Backofen geräscht werden und ihnen der Glanz gegeben wird. Die Art und Weise, wodurch die Mandelkuchen einen schönern Glanz bekommen, als nach dem gewöhnlichen Verfahren, ist beschrieben in dem Recept zum Glanzgeben der Lebkuchen.

4) Billigere braune Mandelkuchen.

Auf vorstehenden Teig nimmt man nur 750 Grm. Zimmt, 250 Grm. Nelken, 166⅔ Grm. Kardamomen. Dann bei der Verarbeitung werden noch eingebracht auf 20 Kilogrm. Teig 1 Kilogrm. 333⅓ Grm. Mandeln, 300 Grm. Pottasche und 33⅓ Grm. Ammonium. Den Trieb rührt man vor der Zugabe mit 4 ganzen Eiern ab.

Die sonstige Behandlung ist wie bei dem Recepte Nr. 3, wie vorersichtlich ist.

5) Dünne braune Lebkuchen.

25 Kilogrm. lichtbraunen, reinschmeckenden Syrup läßt man zweimal aufkochen und dann etwas abkühlen. Hierauf rührt man 25–27 Kilogrm. gutes Weizenmehl ein und als Gewürz fügt man 250 Grm. Zimmt, 166⅔ Grm. Nelken und 125 Grm. Ingwer zu. Dieser Teig muß wenigstens 8 Tage liegen. Auf 10 Kilogrm. Teig nimmt man dann 166⅔ Grm. Pottasche und 16⅔ Grm. Ammonium, was mit 2 Eiern verrührt wird.

6) Gewöhnliche gelbe Bilderwaare.

Außer den Gewürzen nimmt man hierzu alle Materialien wie in vorstehendem Recepte und ist es gut, wenn dieser Teig vor dem Verbrauch mehrere Wochen alt ist. Vor dem Brechen legt man etwa einen Viertheil des Teiges in die Wärme, was ein lockeres Aufgehen der Lebkuchen bezweckt.

7) Braune Nürnberger Lebkuchen.

Nimm 1½ Kilogrm. Syrupteig, 2½ Kilogrm. Honigteig, arbeite den Teig gehörig durch und brich 50 Grm. Pottasche, welche ganz fein gerieben, darunter; dann arbeite noch folgende Gewürze gut darunter: 50 Grm. Muskatblumen, 66⅔ Grm. Kassia und 750 Grm. von einander geschnittene halbe Mandeln, letztere müssen aber mit den Händen blos unter den Teig gearbeitet werden, wenn er fertig gebrochen ist. Auch einen Löffel voll Pomeranzenschalen-Zucker, und in dessen Ermangelung kann man etwas eingemachte Pomeranzenschalen mit geläutertem, starkem Zucker fein reiben und unter den Teig arbeiten. Nun wird der Teig in länglich-viereckige Scheiben geformt und bei mittlerer Hitze gebacken. Diese Lebkuchen dürfen nicht so hoch aufgehen, weshalb kein kohlensaures Ammoniak dazu kommt. Ist der Lebkuchen gebacken, so kommt er eine Nacht zum Trocknen in den Ofen, doch darf dieser nicht zu heiß sein. Man legt die Kuchen zu diesem Behufe mehr stehend auf ein Blech. Am andern Tag wird 1 Liter Wasser mit 125 Grm. Zucker aufgekocht, und wenn dieser noch warm ist, werden die Kuchen hineingetunkt, dann wieder auf Bleche gelegt und einzeln getrocknet. Nachdem sie wieder getrocknet, wird die obere Seite mit der braunen Glasur gestrichen und im Mittel jedes Lebkuchens ein dünnes Scheibchen Citronat aufgelegt.

8) Weiße Nürnberger Lebkuchen.

Zu den sogenannten Nürnberger feinen weißen Mandelkuchen nimmt man: 40 Hühnereier, und schlägt das Gelbe und Weiße derselben etwa 4 bis 5 Minuten tüchtig unter einander, dann giebt man dazu: 2½ Kilogramm feingestoßenen Meliszucker, und setzt nun das Schlagen und Umrühren der

Eier mit dem Zucker ½ bis ¾ Stunden lang ununterbrochen fleißig fort, so lange zwar, bis man bemerkt, daß an dem Rand des Gefäßes ein ganz feiner und gelblich weißer Schaum entsteht und man beim Probiren zwischen den Fingerspitzen und auf der Zunge findet, daß aller Zucker sich vollkommen aufgelöst hat, dann rührt man sofort 25 Grm. kohlensaures Ammonium (welches man bei Apotheken und Droguerie-Handlungen billig zum Kauf bekommt) unter die Masse und fährt mit Schlagen und Umrühren nur noch 1 bis 2 Minuten lang fort, in welcher Zeit das Ammonium sich in der Masse hinreichend vertheilt hat, dann rührt man dazu: 200 Grm. Gewürz, das abgeriebene Gelbe von 3 Citronen, 133⅓ Grm. kandirte Pomeranzenschalen (Orangeat), 166⅔ Grm. Citronat, 625 Grm. Mandeln, welche man hackt und röstet, und mischt nun durch Umrühren des Ganzen die Masse so unter einander, daß genannte Sachen möglichst gleichmäßig in der Masse vertheilt werden, dann mengt man dazu: 2½ Kilogrm. feinstes Weizenmehl, welches vorher bei gelinder Ofenwärme gut ausgetrocknet und vor der Zumischung durch ein feines Sieb geschlagen worden ist, dann rührt man darunter: eine halbe Eierschale voll reinschmeckenden Weingeist oder starken Rum.

Um aus der in vorgeschriebener Weise hergestellten Masse die weißen Lebkuchen oder Mandelkuchen auszuformen (welche Operation man das Aufstreichen nennt), wird solche auf sogenannte Backoblaten möglichst gleichmäßig aufgestrichen. Die nöthigen Handgriffe zu dem Aufstreichen erlangt man durch einige Uebung in kurzer Zeit; es wird sehr erleichtert, wenn man die Oblate auf einen scharfkantigen Tisch auflegt, so daß der Rand der Oblate mit der Kante des Tisches gleich sieht; man hält dabei mit der linken Hand die Oblate fest, und mit einem gewöhnlichen zugespitzten Tischmesser vertheilt man die Masse möglichst gleichmäßig auf der Oblate, wobei man die an dem Messer anklebende Masse stets und öfters auf der Tischkante abstreicht, das Abgestrichene wieder mit der Schärfe des Messers faßt, und nachdem eine Seite der Oblate mit Masse bedeckt ist, dreht man die Oblate mit Hülfe der Messerspitze so weit um, daß der nächste Rand der Oblate mit der Tischkante gleich zu liegen kommt, bis alle vier Seiten der Oblate, somit die ganze Fläche derselben, möglichst gleichmäßig dick mit Masse bedeckt erscheinen. Reißt hierbei, was mitunter vorkommt, die Oblate entzwei, so vereinigt man die abgerissenen Theile mit einem schmalen Streifen Oblate, welchen man mit etwas Eiweiß zu diesem Zweck bestreicht.

Die richtige Dicke erhalten die Lebkuchen, wenn man auf 38 Quadratcentim. 33⅓ Grm. von der Masse aufstreicht, und nur bei sehr großem Format der Lebkuchen muß man verhältnißmäßig etwas mehr Masse aufstreichen.

Die nun so weit behandelten Lebkuchen dürfen aber keineswegs in diesem Zustand zum Backen in den Backofen kommen, sondern es muß mit denselben eine vorhergehende besondere Behandlung vorgenommen werden, welche man das Trocknen nennt.

Das Trocknen bewirkt man, indem man die Lebkuchen auf Bretter (die aber niemals feucht sein dürfen) neben einander legt — aufsetzt — und nun die Bretter mit den Lebkuchen in eine Trockenkammer bringt, in welcher eine Wärme von mindestens 35 Grad und höchstens 45 Grad nach Reaumur's Thermometer herrscht. Anstatt einer Trockenkammer kann man auch den Raum oberhalb des Backofens benutzen, welcher Raum mit dem Ausdruck "Törpel" benannt wird, wenn man die Vorrichtung getroffen hat, daß der Törpel überhängt und so verwahrt ist, daß sich darin die Wärmegrade, wie bezeichnet, vorfinden können, was jedoch nur der Fall sein kann, wenn fast täglich der Backofen geheizt wird. Ist dieses nicht der Fall, und hat man auch keine Trockenkammer zum Gebrauch, oder will man bei Anfertigung einer nur kleinen Quantität Lebkuchen die Trockenkammer nicht heizen, so kann man das nachstehende Auskunftsmittel benutzen.

Man hält hierzu mehrere Bretter von 2 bis 3½ Centim. Dicke aus buchenem Holz vorräthig. Diese Bretter bringt man in die Backofenhitze, bis dieselben so warm oder heiß geworden sind, daß man solche kaum mit bloßer Hand angreifen kann. Die Lebkuchen werden auf ein gewöhnliches Brett, das nicht erwärmt wird, aufgesetzt, wobei man an beiden Enden und in der Mitte etwa 7 Centim. leeren Raum läßt, um darauf 4–7 Centim. ins Quadrat haltende Lattenstücke, deren Länge der Breite des Brettes gleich sein muß, auflegen zu können, und auf diese Lattenstücke legt man das erwärmte buchene Brett auf; von diesem strömt dann die Wärme auf die Oberfläche der zu trocknenden Lebkuchen, und mittelst Auflegen eines einzigen, höchstens zweier erwärmter Bretter wird das Trocknen gehörig vollendet.

Man mag nun eine Trockenkammer oder den erwähnten Törpel oder erwärmte Bretter zum Trocknen anwenden, so bleibt es Regel und Erforderniß, daß das Trocknen so lange fortdauernd und ohne Unterbrechung fortgesetzt oder bewirkt werden muß, bis auf der Fläche der Lebkuchen ein sichtbares Häutchen sich gebildet hat, so zwar, daß dieses Häutchen dem sanften Druck des Fingers einigen Widerstand leistet und beim Anfühlen durchaus nicht die geringste Klebrigkeit sich zeigt. Würde das Trocknen gar nicht oder nicht hinreichend bewirkt werden, so heben sich zwar während des Backens die Lebkuchen — sie werden hoch und vollkommen, fallen aber dann vor dem vollendeten Backen wieder zusammen und man erhält eine feste, nicht poröse und dabei übel aussehende Waare — während man, wenn das Trocknen in richtigem Verhältniß ausgeführt wird, lockere, poröse, daher leichte und dabei sehr schön und voll aussehende Waare erhält. Nach vollendetem Trocknen können die Lebkuchen sogleich zum Backen gelangen, doch schadet es nichts, wenn nach vollendetem Trocknen die Lebkuchen, jedoch dann an einem nur mäßig warmen Ort, 3 bis 4 Stunden stehen sollten und auf das Backen warten müßten; bleiben aber die getrockneten Lebkuchen zu lange Zeit stehen, ehe sie zum Backen gelangen, so findet sich dann nach dem Backen nicht das schöne Ansehen und der angenehme Glanz, welchen die Lebkuchen erhalten, wenn man bald nach dem Trocknen das Backen vornehmen kann.

Das Backen selbst geschieht auf Blechen, besser aber auf schwachen Pappendeckeln, ohne Bleche anzuwenden. Hat man keine Pappendeckel und muß man Bleche anwenden, so dürfen die Lebkuchen nicht auf das bloße Blech aufgesetzt werden, sondern ist es nöthig, daß man die Bleche mit Papier belegt und auf dieses die Lebkuchen aufsetzt. Man mag nun auf Blechen oder auf Pappendeckeln backen, so ist in jedem Falle zu beobachten, daß die Backofenhitze nicht zu heftig sein darf, — und es liefert ein verhältnißmäßig richtig abgekühlter Ofen die schönste Waare. Ehe man die Lebkuchen in den Backofen bringt — einschließt, ist es nöthig, daß zuvor auf einige Minuten die Züge des Backofens geöffnet werden, damit aller Dunst oder Dampf zuvor abziehen kann, auch im Verlauf des Backens muß man wiederholt die Züge, wenn auch nur auf Augenblicke, öffnen, damit die entstandenen Dämpfe stets abziehen können. Während des Backens darf man die Bleche oder Pappendeckel nie berühren, weniger noch von der Stelle rücken, denn es würden sich hierbei die bereits aufgegangenen Lebkuchen wieder setzen, und man würde somit feste unansehnliche Waare erhalten.

Beim Herausnehmen der Lebkuchen aus dem Backofen werden dieselben möglichst rasch, so lange sie noch ganz in heißem Zustande sind, durch Umdrehen auf ihre obere Fläche gelegt, wodurch man bezweckt, daß dieselben hübsch glatt, eben und von schönem Aussehen erhalten werden können. Würde es vorkommen, daß während des Backens die Lebkuchen Blasen werfen, welche dann leicht eine unliebe dunkle Farbe annehmen, so muß man die Lebkuchen nach dem Trocknen, im Augenblick vorher, wo man einschieben will, an mehreren Stellen mit scharfspitzigen Gabeln durchstechen, was man "stopfen" benennt. Das Blasenwerfen entsteht meistens wenn die Materialien, als Zucker oder Mehl, noch Feuchtigkeit enthalten hatten, oder wenn die Vermengung sämmtlicher Stoffe unter einander nicht hinreichend gleichförmig in der Masse bewirkt worden ist — und dann muß man zum Stopfen Zuflucht nehmen.

Ueber den Zeitpunkt, wenn das Backen gehörig vollendet ist, belehrt bald die Erfahrung durch Uebung; wenn die Lebkuchen eine ziemlich goldgelbe Färbung angenommen haben und man bemerkt, daß an den Rändern der Lebkuchen die schön gelbliche Farbe anfängt dunkler zu werden, kann man für gewöhnlich annehmen, daß das gehörige Ausbacken erfolgt ist. Uebung und gute Augen leisten hierbei das beste.

9) Weiße Nürnberger Lebkuchen anderer Art.

2 Kilogrm. Syrup und 2 Kilogrm. Honig lasse aufkochen mit 1 Liter Milch, nimm es ab vom Feuer und lasse es bis zur Fingerwärme abkühlen, arbeite dann soviel feingesiebtes Mehl darunter, daß es ein nicht zu fester Teig wird. Nachdem dieser Teig 2 Tage gelegen, arbeite ihn mit 50 Grm. feingeriebener Pottasche tüchtig untereinander, dann mische 50 Grm. Muskatblumen, 66⅔ Grm. Zimmt, 500 Grm. länglich geschnittene Mandeln, 250 Grm. feingeschnittene Pomeranzenschalen darunter, arbeite den Teig in länglich viereckige Formen und backe sie bei langsamer Hitze. Nachdem sie gebacken, werden die Lebkuchen auf Bleche geschichtet und eine Nacht in den Backofen zum Hartwerden gestellt. Am andern Tage mache man kochend Wasser, tauche die Lebkuchen schnell einzeln hinein, lege sie dann auf Bleche und lasse sie abtrocknen. Nachdem sie abgetrocknet, werden sie mit dem weißen Gusse Nr. 2 glasirt.

10) Weiße Nürnberger Lebkuchen anderer Art.

Rühre 216⅔ Grm. gestoßenen Zucker und 5 Eigelb so lange, bis die Masse schneeweiß und schaumig ist. Dann rühre 16⅔ Grm. gestoßenen Zimmt, 8⅓ Grm. Nelken, 8⅓ Grm. Kardamomen, grobgestoßen, 125 Grm. Citronat und von einer Citrone die Schale ganz fein geschnitten, 197½ Grm. feines Weizenmehl und 250 Grm. grobgeschnittene Mandeln darunter. Schneide von Oblate 9½ Centim. lange, 6½ Centim. breite Streifen und streiche von dieser Masse 6 Millim. stark darauf und backe es bei langsamer Hitze.

11) Schweidnitzer Kuchen.

Nimm 2 Kilogrm. Syrup- und 2 Kilogrm. Honigteig, arbeite dieselben, wie gewöhnlich, mit 66⅔ Grm. feingeriebener Pottasche tüchtig durcheinander. Dann nehme man 250 Grm. gesalzene Butter, mache mit 250 Grm. Mehl einen Teig davon, menge unter diesen 16⅔ Grm. Zimmt, 16⅔ Grm. Nelken und arbeite dann beide Teige zusammen. Forme länglich-viereckige Scheiben davon und backe diese bei rascher Hitze.

12) Thorner Honigkuchen.

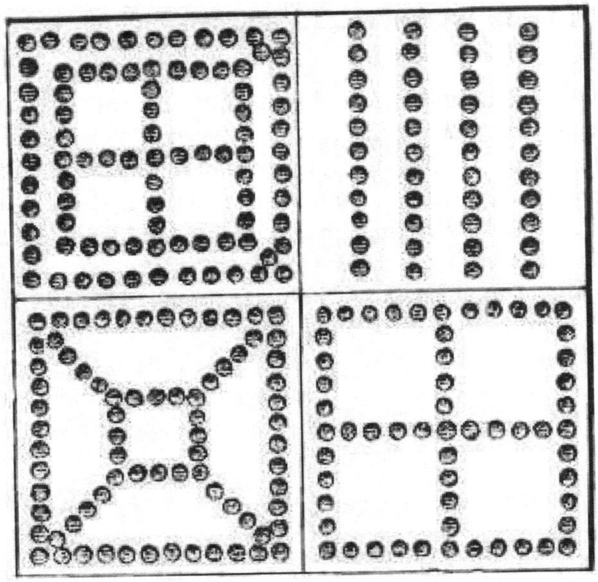

Fig. 4.

Man nimmt 2½ Kilogrm. Syrup- und 2½ Kilogramm Honigteig, arbeitet denselben mit 66⅔ Grm. Pottasche und 41⅔ Grm. kohlensaurem Ammoniak auf die bekannte Weise gut durch, und bricht, wenn die Probe genommen, noch 33⅓ Grm. gestoßenen Zimmt und 33⅓ Grm. Nelken darunter. Nun wird eine Marmelade zurecht gemacht von in Zucker eingemachten Pomeranzenschalen, und etwas Citronat wird ganz fein gearbeitet mit dem Messer und mit etwas Honig oder starkem geläutertem Zucker zu einem steifen Brei gearbeitet.

Der Teig wird nun, je nach der Menge, in 2, 4, 6 oder 8 gleiche Theile getheilt. Rolle eines von den Theilen in viereckiger Form aus, und zwar ist es immer gerathen, ein Theil so groß zu machen, als das Blech ist, in 9 Millim. Stärke. Lege dieses auf das schwach mit ungesalzener Butter gestrichene Blech und streiche von der bereiteten Marmelade 9 Millim. stark darauf. Damit jedoch beim Backen diese Marmelade nicht hervordringen kann, so lasse man auf jeder Seite einen Rand von 6 bis 12 Millim. frei bleiben. Nun nehme man rohe ganze Mandeln und lege ringsum auf die Marmelade Mandeln vorn lang, doch so, daß die Mandeln nur halb auf die Marmelade, halb auf den leeren Rand zu liegen kommen; auch legt man je nach Größe des Bleches 4–5 Reihen Mandeln in 9½ Centim. Entfernung von einer Reihe zu der andern.

Nun rollt man von dem zweiten Theile Teig eine eben so große Platte, als die mit Marmelade bestrichene ist, aus und legt diese über jene weg, bestreicht letztere mit Wasser und legt abgehäutete Mandeln in verschiedenen Façons darauf (**Fig. 4**). Bei langsamer Hitze wird es etwas dunkelgelb gebacken und dann mit der braunen Glasur zweimal gestrichen, damit er schönen Glanz erhalte. Nach dem Erkalten werden die Ränder, wo keine Marmelade darauf gestrichen, weggeschnitten, und zwar muß man sich einrichten, daß die Mandeln, welche auf die Marmelade gelegt, gerade halb durchgeschnitten werden. Der Kuchen ist nun zum Verkauf fertig und wird nach dem Gewichte verkauft.

13) Holländischer Kuchen.

Man nehme 625 Grm. weißen Farin, 375 Grm. Honig, ¼ Liter Milch, laß es auf Kohlenfeuer in einem Kessel aufkochen und dann bis zur Fingerwärme abkühlen. Arbeite 1¼ Kilogrm. Mehl darunter und lasse diesen Teig eine Nacht stehen. Am andern Tag reibe man 16⅔ Grm. Pottasche ganz fein und arbeite den Teig ordentlich durcheinander; backe eine Probe, und wenn diese geräth, wirke man 16⅔ Grm. feinen Zimmt, 8⅓ Grm. Nelken darunter, sowie 8⅓ Grm. Ingwer, 66⅔ Grm. Pomeranzenschalen und 66⅔ Grm. Citronat und arbeite runde Scheiben von 12 Centim. Durchmesser davon.

14) Französischer Honigkuchen.

Man lasse 1 Kilogrm. Honig aufkochen und bis zur Fingerwärme erkalten; 375 Grm. feingehackte Mandeln, 125 Grm. Citronat, damit werden 125 Grm. Pomeranzenschalen, beides kleinwürflig geschnitten, 8⅓ Grm. Zimmt, 4⅙ Grm. Nelken, 4⅙ Grm. Muskatblüthen, 4⅙ Grm. Kardamomen, 16⅔ Grm. Koriander, alles gestoßen und 1 Kilogrm. Mehl und 33⅓ Grm. Pottasche gut untereinander gearbeitet. Dann werden längliche Scheiben von 12 Centim. Länge, 7 Centim. Breite, 6 Millim. Stärke ausgearbeitet, bei mittlerer Hitze gebacken und mit dem weißen Gusse Nr. 2 glasirt.

15) Wiener Pfefferkuchen.

1 Kilogrm. gestoßener Meliszucker und 16 ganze Eier werden so lange mit dem Schneebesen geschlagen, bis die Masse schön schaumig ist, 1 Kilogrm. Mehl, 500 Grm. feingeschnittene Mandeln, 15⅔ Grm. gestoßener Anis, 25 Grm. gestoßener Zimmt, 4⅙ Grm. Kardamomen und ein Stückchen Vanille, welche fein gepülvert, darunter gearbeitet und auf Oblaten von beliebiger Größe 9 Millim. stark aufgestrichen und bei rascher Hitze gebacken.

16) Danziger Honigkuchen.

2 Kilogrm. Honig wird mit ¼ Liter Milch auf Kohlenfeuer aufgekocht, bis zur Fingerwärme abgekühlt und dann 3 Kilogrm. Mehl untergearbeitet. Nachdem der Teig einige Tage gestanden, bricht man ihn ordentlich durch,

unter Zusetzung von 50 Grm. Pottasche und 33⅓ Grm. kohlensaurem Ammoniak. Wenn die Probe gebacken, breche man noch folgende Gewürze darunter: 250 Grm. Citronat, 500 Grm. Pomeranzenschalen, beide kleinwürfelig geschnitten, 1 Kilogrm. gehackte Mandeln, 83⅓ Grm. gestoßenen Zimmt, 50 Grm. Nelken, 16⅔ Grm. Macisnuß, die Schale von 2 Citronen und 16⅔ Grm. gestoßenen Koriander. Arbeite Scheiben von 14 Centim. Länge, 9½ Centim. Breite und 6 Millim. Stärke und backe sie dunkelgelb. Werden mit der braunen Glasur gestrichen.

17) Hamburger Oblatenkuchen.

500 Grm. Zucker, 8 Eier unter einander gerührt, 66⅔ Grm. Citronat, 66⅔ Grm. Pomeranzenschalen, die Schale einer Citrone auf einem Reibeisen fein abgerieben, 16⅔ Grm. Zimmt, 8⅓ Grm. Nelken, 4⅙ Grm. Kardamomen und 4-⅙ Grm. gestoßene Muskatnuß, 125 Grm. feingeschnittene Mandeln und 1 Kilogrm. Mehl untergearbeitet. Sollte die Masse zu steif sein, so setze man noch etwas Eiweiß zu. Wird auf längliche Oblatenstücken gestrichen, langsam gebacken und mit weißer Glasur Nr. 2 gestrichen.

18) Lüneburger Lebkuchen.

2 Kilogrm. Zucker, 2 Kilogrm. Honig, 1 Liter Milch lasse unter beständigem Umrühren aufkochen, dann bis zu der Fingerwärme erkalten und arbeite mit 6 Kilogrm. Weizenmehl tüchtig unter einander. Sollte der Teig noch nicht fest genug sein, so kann etwas mehr Mehl genommen werden. Nun lasse den Teig 8 Tage liegen und arbeite dann denselben mit 100 Grm. feingeriebener Pottasche gut unter einander, nimm Probe und brich noch 500 Grm. gehackte rohe Mandeln, 125 Grm. Pomeranzenschalen, 125 Grm. Citronat darunter und backe runde Kuchen davon, welche nicht zu schwach sein dürfen. Wird mit der braunen Glasur gestrichen.

19) Schweizer Gewürzkuchen.

Lasse 500 Grm. Honig, 1 Kilogrm. Zucker mit ½ Liter Wasser aufkochen und dann bis zu der Fingerwärme abkühlen, und arbeite soviel Weizenmehl darunter, daß es ein nicht zu fester Teig wird. 33⅓ Grm. Pottasche, fein gerieben, und mit 33⅓ Grm. Zimmt, 8⅓ Grm. Nelken, 16⅔ Grm. Zimmtblüthen darunter gearbeitet. Wird in Scheiben von beliebiger Größe geformt und mit der weißen Glasur Nr. 1 glasirt.

20) Feiner Zimmtkuchen.

Lasse 750 Grm. Honig, 750 Grm. gelben indischen Farin mit ½ Liter Wasser aufkochen, arbeite 2¼ Kilogramm Mehl darunter, laß ihn eine Nacht auskühlen und arbeite 41⅔ Grm. Pottasche und 16⅔ Grm. kohlensaures Ammoniak und 33⅓ Grm. feinen Zimmt (Kaneel) darunter, und mache schmale, lange Scheiben davon; werden bei rascher Hitze gebacken und unglasirt verkauft.

21) Oblatenkuchen.

250 Grm. Zucker mit 20 Eigelb und 10 Eiweiß werden wie Bisquitmasse kalt und warm geschlagen, dann 125 Grm. Citronat, 125 Grm. gehäutete kleingehackte Mandeln, 125 Grm. Pomeranzenschalen und 500 Grm. Mehl darunter gerührt; werden auf Oblatenstücke in der Größe von Kartenblättern 6 Millim. stark gestrichen, bei langsamer Hitze gebacken. Im Fall, dass die Masse sehr steif sein sollte, kann etwas Wasser zugesetzt werden.

IV. Abtheilung.
Verschiedene Arten von Backwerken, welche vom Pfefferküchler gefertigt werden.

1) Feiner weißer Zuckerkuchen.

2 Kilogrm. weißen Farin, 1 Liter Milch laß unter beständigem Schlagen mit einem Schneebesen aufkochen, dann bis zur Fingerwärme abkühlen. Nimm 4 ganze Eier und schlage sie mit dem Schneebesen unter den aufgekochten Zucker und arbeite dann 4 Kilogrm. Mehl darunter. Ist der Teig gehörig ausgekühlt, so brich denselben mit 100 Grm. kohlensaurem, feingestoßenem Ammoniak und von 3 Citronen die abgeriebene Schale ordentlich durch, arbeite Scheiben von gewünschter Größe und backe diese bei langsamer Hitze; sie werden mit der weißen Glasur Nr. 1 glasirt. Auch kann man, wenn es der Preis gestattet, etwas Citronat unterarbeiten.

2) Gewöhnliche weiße Zuckerkuchen.

2 Kilogrm. Zucker werden mit 1½ Liter Wasser auf Kohlenfeuer zum Aufkochen gebracht, dann, wie gewöhnlich, abgekühlt und mit 5 Kilogrm. Weizenmehl ein Teig gemacht. Nachdem er ausgekühlt, wird er mit 116⅔ Grm. kohlensaurem Ammoniak durchgebrochen und Scheiben davon gearbeitet, welche mit der Glasur Nr. 1 glasirt werden. Doch werden sie auch unglasirt verkauft.

3) Griechische oder weiße Nüßchen.

1 Kilogrm. Zucker mit ¾ Liter Wasser aufgekocht; nachdem er abgekühlt, werden mit dem Schneebesen 8 ganze Eier darunter geschlagen und 2½ Kilogrm. Weizenmehl darunter gearbeitet. Nachdem der Teig ausgekühlt, wieder mit 58⅓ Grm. kohlensaurem Ammoniak ordentlich durchgebrochen, 197½ Grm. kleinwürfelig geschnittener Citronat, 50 Grm. Zimmt, 16⅔ Grm. Nelken untergearbeitet. Von diesem Teige werden kleinfingerstarke Streifen ausgerollt und diese wieder in 1 Centim. lange Stückchen geschnitten. Diese

Stückchen nehme man in ein feines Drahtsieb, bestreue sie mit etwas Mehl und rolle sie so lange, bis sie rund werden. Man nehme nun ein mit ungesalzener Butter schwach gestrichenes Blech, setze die Nüßchen darauf und zwar immer eines dicht an das andere, bis das Blech ¾ Theil voll ist. Rolle dann mit dem Rollholze so lange darauf herum, bis das Blech von den aufgesetzten Nüßchen ganz voll ist. Sie werden bei mittlerer Hitze gebacken, nach dem Backen mit der weißen Glasur Nr. 1 glasirt und nach dem Gewichte verkauft.

4) Anisnüßchen.

2 Kilogrm. Zucker mit 1 Liter Milch lasse man aufkochen, bis zur Fingerwärme abkühlen, schlage mit dem Schneebesen 8 Stück ganze Eier darunter und arbeite dann 4 Kilogrm. gesiebtes Weizenmehl unter die Masse. Ist der Teig ausgekühlt, so breche man ihn mit 83⅓ Grm. feingestoßenem, kohlensaurem Ammoniak ordentlich durch, setze 250 Grm. halbgestoßenen, zuvor ausgelesenen Anis dazu und rolle den Teig schwach messerrückenstark aus und steche mit einem blechernen Ausstecher, welcher rund gearbeitet und 1 Centim. Durchmesser hat, lauter runde Scheibchen aus und lege diese auf mit ungesalzener Butter schwach gestrichene Bleche, aber nicht zu dicht aneinander und backe sie bei rascher Hitze.

5) Citronennüßchen.

Sie werden ganz ebenso bereitet, wie die vorherstehenden, nur daß stets dem Anis auf je 5 Kilogrm. Teig 2 Grm. Citronenöl zugesetzt wird.

6) Rosennüßchen.

Die Bereitung des Teiges geschieht ganz so, wie bei den Anisnüßchen angegeben, nur wird statt des Anises auf je 5 Kilogrm. Teig 5 Tropfen ächtes Rosenöl zugesetzt. Die Bearbeitung geschieht wie bei den vorstehenden, nur müssen sie nach dem Backen noch mit Zucker überzogen werden; was am leichtesten auf folgende Weise geschieht: Man nehme einen möglichst flachen Kessel, setze je nach der Größe des Kessels und der Menge der zu fertigenden Nüßchen ordinären Melis oder weißen Farin, wenn er schön trocken ist, auf Kohlenfeuer, verdünne ihn mit Wasser (auf 6 Kilogrm. Zucker 2 Liter Wasser), und lasse den Zucker so lange kochen, bis er zum starken Flug oder der großen Kugel gesotten ist. Man erkennt dieses daran: wenn man einen durchlöcherten, nicht zu tiefen Löffel von Blech in den kochenden Zucker steckt, nach einer kleinen Weile dann denselben herausnimmt und stark darauf bläst, so müssen auf der andern Seite des Löffels große aneinander hängende Blasen entweichen. Nun wird der Kessel vom Feuer abgenommen, und man schüttet von den bereitstehenden Nüßchen soviel in den Zucker, daß derselbe die Rosennüßchen vollständig bedecken kann. Zum schnelleren Abtrocknen kann eine Hand voll feingestoßener Melis oder auch Stärkemehl darüber gestreuet werden. Nun rühre man die Rosennüßchen schnell und vorsichtig um, bis sie trocken aus einander fallen. Sollten sich während dieser Behandlung welche zusammengehängt haben, so macht man sie auseinander und schüttet sie zum vollständigen Austrocknen in Siebe. Da es von dieser Sorte rothe und weiße giebt, so theile man die zu überziehenden Nüßchen in zwei gleiche Theile und fertige auch rothe ganz auf dieselbe Weise, nur daß man den kochenden Zucker mit der weiter unten beschriebenen Kochenillefarbe färbt.

Ganz auf dieselbe Weise können auch die Anisnüßchen und Citronennüßchen überzogen werden; die erstern bleiben weiß und die letzteren werden mit in Wasser aufgelöstem ganzen Saffran gelb gefärbt.

7) Ordinäres Konfekt, auch leichtes Backwerk genannt (Pfennigstücke).

2 Kilogrm. weißen Farin oder ordinären Melis setze mit 1½ Liter Wasser auf Kohlenfeuer, laß ihn einmal aufkochen und dann bis zu der Fingerwärme abkühlen. Dann nehme man 8 ganze Eier und schlage sie mit dem Schneebesen tüchtig unter den Zucker und arbeite 5 Kilogrm. gesiebtes Weizenmehl darunter, daß es ein nicht fester Teig werde, und lasse den Teig so einen halben Tag stehen. Arbeite den Teig mit 100 Grm. feingestoßenem, kohlensaurem Ammoniak auf der Breche ordentlich und rolle dann denselben messerrückenstark aus und steche mit Formen, von weißem Bleche gefertigt, allerlei Figuren aus, als Männer, Thiere, Uhren, Herzen, Rosen etc. Je reichhaltiger die Formen, je schöner sieht das Konfekt aus. Die ausgestochenen Stücke werden nicht zu dicht auf schwach mit Butter gestrichene Bleche gelegt, bei mittlerer Hitze gebacken, so daß der Boden des Backwerkes schön lichtgelb aussieht.

Nach dem Backen theile man das Konfekt in zwei Theile und glasire es mit der Eiweißglasur Nr. 1, ein Theil weiß und ein Theil roth. Die rothe Glasur wird ganz wie die weiße gefertigt, nur mit Kochenillefarbe roth gefärbt. Die Bereitungsart der rothen Farbe siehe unten.

8) Leipziger Pumpernickel.

Man nehme 500 Grm. indischen Syrup, lasse ihn aufkochen und dann bis zu der Fingerwärme erkalten. Arbeite darnach 625 Grm. schwarzes Weizenmehl darunter und lasse es einige Stunden liegen. 12½ Grm. feingeriebene Pottasche, 16⅔ Grm. Nelken, 33⅓ Grm. Zimmt, beides gestoßen, 200 Grm. ganz grobgeschnittene Mandeln und 2 ganze Eier werden mit dem Teige ordentlich durchgearbeitet. Nun formire 7 Centim. breite Streifen, welche so lang sind, als das Backblech und backe es bei rascher Hitze. Sobald das Backwerk aus dem Ofen kommt, bestreiche man die einzelnen Streifen mit durchgeschlagenem Eigelb und schneide noch warm die Streifen in fingerstarke Stückchen. Das Messer hierzu muß schwach und scharf sein.

9) Eine andere Art leichtes Konfekt.

Hierzu gehören Holzformen in verschiedenen Mustern, welche mit hübschen Verzierungen gestochen und nicht zu groß sind.

Man nimmt 1 Kilogrm. Zucker, schüttet ¼ Liter Wasser darauf, und läßt dieses so lange stehen, bis der Zucker sich gänzlich aufgelöst hat, macht dann mit diesem und 1⅛ Kilogrm. feinen Weizenmehl einen Teig. Rolle diesen wie eine Federspule stark aus und schneide ihn in Stücke, welche man in die hölzernen Formen drückt. Man nimmt nun gut gereinigte Backbleche, erwärmt diese und streicht sie dann ganz schwach mit gelbem Wachs. Nachdem die Bleche wieder kalt geworden, legt man die einzelnen Stücke darauf, doch nicht zu dicht. Laß dieses Backwerk nun so lange stehen, bis die obere Seite ganz abgetrocknet und bringe es dann in die schwach geheizte Backröhre und laß es langsam backen, so muß Backwerk noch einmal so stark werden, ohne seine Oberfläche zu verändern. Der Boden muß hellgelb aussehen und die Oberfläche weiß bleiben. Nach dem Backen werden die einzelnen Stücke mit Kochenillefarbe, in welcher etwas *Gummi arabicum* aufgelöst ist, verziert.

10) Recept zu den feinen Makronenkuchen.

Man nimmt 1¼ Kilogrm. süße Mandeln, 250 Grm. bittere Mandeln. Die Mandeln werden durch fleißiges Absieben und Auslesen von allem Staub und Unreinigkeiten befreit, dann mit sammt den Schalen in einem geräumigen Mörser mit 1¾ Kilogrm Meliszucker, den man zuvor fein gestoßen und durch ein Haarsieb geschlagen haben muß, so lange gestoßen, bis die Mandeln so klar geworden sind, daß die größten Stückchen nicht stärker sind als die gewöhnliche Gerstengrütze. Man darf nie die Mandeln allein stoßen, sondern stets mit klarem Zucker vermengt, und es nimmt der Zucker hierbei die Oeltheile auf, welche aus den Mandeln während des Stoßens austreten. Die mit Zucker gestoßenen Mandeln nimmt man von Zeit zu Zeit aus dem Mörser und schlägt solche durch ein Drahtsieb, dessen Maschen aber nicht zu enge sein dürfen, sondern so weit sein müssen, daß Mandelstückchen von der Größe der gewöhnlichen Gerstengrütze durchfallen können.

Die aus zerstoßenen Mandeln und Zucker bestehende Masse wird mit dem Weißen von 10 frischen Hühner-Eiern und dem Weißen und Gelben von 20 Eiern zusammengearbeitet — dann mengt man darunter 100 Grm. feinsten Ceilonschen Zimmt, klar gestoßen, 83⅓ Grm. Citronat, 66⅔ Grm. kandirte Pomeranzenschalen, zu kleinen Würfeln geschnitten, das von 2

Stück Citronen abgeriebene Gelbe, 33⅓ Grm. Puder aus Weizenstärke, 4-⅙ Grm. kohlensaures Ammonium, und nun wird alles zu einer Masse zusammengearbeitet, in welcher sämmtliche Sachen möglichst gleichmäßig vertheilt sein müssen. Von dieser Masse werden kleine Kuchen von 6 Millim. Dicke in beliebiger Größe auf Backoblaten aufgestrichen und in einem kühlen Ofen ausgebacken.

Die gebackenen Makronenkuchen werden dann glasirt und auf die noch feuchte Glasur streut man buntfarbigen Streuzucker umher, welcher daran haften bleibt — und dann werden die somit fertigen Makronenkuchen an einen warmen Ort so lange gestellt, bis die Glasur vollkommen trocken geworden ist.

11) Recept zu den Elisenkuchen.

500 Grm. Mandeln, welche abgebrüht und geschält sind, werden mit Rosen- oder Orangenblüthwasser unter Beifügung von 500 Grm. Baiséezucker im Reibsteine fein gerührt, dann im Kasserole über Kohlenfeuer abgebrannt. Auf je 500 Grm. dieser Masse werden dann 7 Eiweiß zugesetzt, nebst 100 Grm. kleinwürflig geschnittenem Citronat und eben soviel abgezogene fein gehackte Mandeln. Die Masse wird dann auf Oblaten in Kartenform gestrichen, in ganz schwachem Ofen gebacken und nach dem Backen mit einem dicklichen Guß von feinem Zucker und Wasser (Wasserguß, Eis) bestrichen.

12) Recept zu den Punschkuchen.

Man nimmt 375 Grm. süße Mandeln, 125 Grm. bittere Mandeln, überbrüht solche mit kochendem Wasser und zieht dann die Schalen oder Hülsen ab. Die entschälten Mandeln reibt man mit dem Weißen und Gelben von 375 Grm. frischen Hühner-Eiern zu einer feinen Masse im Reibstein. Dann reibt man darunter 8⅓ Grm. kohlensaures Ammonium und 750 Grm. sehr fein gestoßenen Raffinadezucker. Wenn die nun erhaltene Masse so lange gerieben oder umgerührt worden ist, bis solche ein gleichmäßiges Ansehen angenommen hat, mengt man dazu: 500 Grm. feines Weizenmehl (getrocknet und gesiebt), 16⅔ Grm. Zimmt, 4⅙ Grm. Nelken, beide klar gestoßen, das Gelbe von 2 Citronen, 33⅓ Grm. Citronat und 33⅓ Grm. kandirte Pomeranzenschalen, in Stückchen von der Größe der Linsen. Von dieser Masse formt man kleine runde oder viereckige Kuchen von 6 Millim. Dicke, welche auf Blechen, die mit Wachs bestrichen sind, in einem kühlen Ofen ausgebacken werden.

Diese Kuchen werden mit Wasserglasur überstrichen.

V. Abtheilung.
Verschiedene gute Recepte.

1) Pomeranzenschalen in Zucker einzumachen.

Man kaufe in einer Handlung trockne Pomeranzenschalen, thue sie in einen Kessel, schütte Wasser darüber, bringe sie auf Kohlenfeuer und lasse sie so lange kochen, bis, wenn man eine Schale auf eine Nadel sticht, dieselbe leicht wieder abfällt. Nun schüttet man das Wasser ab, thue die Schalen in einen irdenen Topf und schütte frisches Wasser darauf, was man drei Tage lang täglich zweimal thun muß. Dann nimmt man Zucker (gelben Farin), schüttet Wasser darauf, läßt ihn einmal aufkochen und schüttet ihn kochend auf die Schalen. Am andern Tage schütte man den Zucker wieder ab, und nachdem man ihn aufgekocht, schütte man ihn wieder auf. Den dritten Tag schüttet man den Zucker wieder ab, kocht ihn so lange, bis man, wenn man eine Fingerkuppe hineintaucht und rasch wieder herausnimmt, dann mit Anwendung noch eines Fingers einen Faden von dem hängengebliebenen Zucker bilden kann, welcher nicht abreißt. Nun schütte man den Zucker wieder über die Schalen und hebe sie zum Gebrauch auf.

2) Marcipan zum Belegen der feinen Gewürzkuchen.

2 Kilogrm. Mandeln schütte in kochendes Wasser; nachdem sie eine Weile gestanden, lasse das Wasser ablaufen und schütte kaltes Wasser darüber und enthäute so die Mandeln. Dann nehme man die Mandeln in einen Reibstein und reibe sie unter Zusetzung von etwas Wasser in kleinen Portionen nach und nach ganz fein. Unter diese arbeite 2 Kilogrm. feingestoßenen Meliszucker und 3 Kilogrm. Mehl. Rolle die Masse messerrückenstark aus und drücke mittelst Formen von Blech Sternchen, Herzchen, runde Scheibchen etc. aus. Lege diese auf Papier und backe sie bei gelinder Hitze hellgelb.

Dann mache von ganz feingestoßenem, durch ein seidenes Sieb gesiebtem Meliszucker und Rosenwasser eine Wasserglasur, welche man zum Theil mit der Kochenillefarbe roth färbt, und glasire damit das gebackene Konfekt, jedes halb weiß, halb roth. Nur nachdem die Glasur ordentlich ausgetrocknet, belege man damit die feinen Gewürz- und Honigkuchen.

3) Kochenillefarbe.

Man nehme 16⅔ Grm. Kochenille, welche gestoßen wird, setze diese mit ½ Liter Wasser auf Kohlenfeuer und lasse es ordentlich aufkochen; dann schütte man 16⅔ Grm. gereinigte Pottasche (*Sal tartari*), 16⅔ Grm. gebrannten Alaun und 33⅓ Grm. *Cremor tartari* hinein, lasse es noch einmal aufkochen, wobei man aber sehr vorsichtig sein muß, da es bei Zusetzung der Säuren leicht überläuft. Sodann schütte die Farbe durch ein Leinwandstück, und die Farbe ist zum Gebrauche fertig.

Da diese Farbe durch längeres Stehen leicht in violette Farbe umschlägt, so nimmt man, um dieses zu vermeiden, sie nochmals auf das Feuer, thut 125 Grm. gestoßenen Raffinadezucker hinzu und läßt es einige Male aufwallen; dann schütte man die Farbe in eine wohlverkorkte Flasche, so hält sie sich sehr lange.

4) Gelbe Farbe von Safran.

Man nimmt ganzen Safran, überschüttet ihn in einem irdenen Topfe mit etwas Spiritus und läßt es in der Wärme ziehen, so ist die Farbe fertig. Soll diese zum Malen angewendet werden, so löse man in der Wärme etwas gestoßenen *Gummi arabicum* darin auf. Wenn der Aufguß mit dem Saffran verbraucht ist, so darf man nur wieder Spiritus aufschütten und in der Wärme ziehen lassen, so kann man ihn noch mehre Male gebrauchen.

5) Aufgelaufenes Konfekt.

66⅔ Grm. weiße Mandeln werden, mit 5 Eiweiß fein gerieben, dann 66⅔ Grm. Staubzucker untergewirkt, mit Zucker ausgerollt und beliebige Muster ausgestochen, welche entweder auf Papier oder Wachsbleche gesetzt und so gebacken werden.

6) Schaumkonfekt.

Von folgender Schaummasse: 1½ Kilogrm. feiner Zucker wird geläutert und zum Flug gekocht, unterdessen werden 15 oder ¾ Liter Eiweiß zu steifem Schnee geschlagen; ist nun beides fertig, so wird der fertige Zucker heiß unter den Schnee langsam eingeschlagen, die Masse wird nun ruhig kalt gerührt, und nachdem kommt Farbe und Geschmack beliebig hinzu; wünscht man die Masse etwas leichter, so kann man auch, statt 15, 18 Eiweiß nehmen und werden auf Wachsbleche theils ovale, theils runde Ringchen tressirt. Hier wird es gut sein, von jeder Sorte ein Blech zu fertigen, da es sonst vorkommen könnte, daß beim Abschütteln des Streuzuckers auf 1 Stück zweierlei Farben kämen. Man bestreut nun ein Blech Ringe, nachdem dieselben vorher mit kleinen Röschen oder sonstigen Verzierungen bemalt wurden, mit weißem fein gestoßenen Kandis, von welchem der Staub abgesiebt wurde; was man alsdann Grillage nennt.

Ein anderes Blech bestreut man mit dem nämlichen Zucker, der roth gefärbt, und so arbeitet man die andere Schaummasse vollends auf, damit alle Farben erzielt werden. Zu braunen Ringchen verwendet man Zimmt und auch gestoßene Chokolade. Sind alle Bleche nun in den verschiedenen Farben vollendet, so muß, wenn der Ofen nicht so eingerichtet, daß die Bleche unter denselben gebracht werden können, jedes einzelne Bleche auf ein starkes Brett so lange in den Trockenkasten gestellt werden, bis die Ringe obenauf ziemlich hart geworden sind. In einen mäßig heißen Ofen gebracht, werden dieselben langsam um die Hälfte ihrer Dicke in die Höhe steigen.

Es ist jedoch darauf Obacht zu geben, daß dieselben vollständig auf dem Brette aufliegen, da sonst ein ungleichmäßiges Aufgehen entsteht. Die zum Bemalen der Ringe angewendeten Farben müssen mit etwas Läuterzucker versetzt werden, damit sie beim Bemalen nicht fließen. Auch hier muß beim Backen große Vorsicht angewendet werden, indem zu starke Hitze den Farben durch das Braunwerden ihre Schönheit rauben möchte.

7) Herzteig.

10 Kilogrm. weißen Farin mit 4½ Liter Milch, worunter ¼ Eigelb und Wasser sein muß, auf dem Feuer zergehen lassen; wenn er zergangen, durch ein Sieb gießen, etwas Anis dazu und 17 Kilogrm. Mehl. Auf 18 Kilogrm. kommen 40 bis 50 Grm. Konditoreisalz. Die Masse ist sehr ergiebig und wird sehr hoch.

8) Honig zu reinigen.

12½ Kilogrm. Honig werden mit der Hälfte Wasser verdünnt und mit einem durch Quirlen von 3 Bogen weißem Fließpapier mit Wasser erhaltenen Brei bei gelindem Feuer so lange gekocht, bis das Papier in feine Fasern zergangen. Man läßt dieses erkalten und bringt das Ganze auf einen wollenen Filtrirspitzbeutel, welcher vorerst angefeuchtet sein muß. Der Honig läuft ab, und nachdem der rückständige Papierbrei ausgesüßt worden, dampft man die Flüssigkeit im Dampfbade zur erforderlichen Konsistenz ein. Gestehen muß ich, daß ich nach gemachter Prüfung genügende Resultate erlangte und daß der Honig allen Anforderungen entsprach.

9) Mandelmasse zu feinen Figuren.

2½ Kilogrm. weiß abgezogene Mandeln werden mit Wasser im Reibstein feingerieben, nachdem wird 3 Kilogrm. Zucker dazu gewogen und in einem sogenannten Wurfkessel auf schwachem Kohlenfeuer abgeröstet, das heißt es wird so lange fort umgerührt, bis die Masse so fest ist, daß man mit dem Finger solche berühren darf, ohne daß sich etwas anhängt. Ist die Masse so weit, so wird sie vom Feuer genommen, ordentlich zusammengeschabt, und der Kessel mit der Masse so geschwungen, daß letztere einen glatten, runden, länglichen Stollen bildet. So kann man die Masse abgeröstet aufbewahren. Sollen nun Figuren daraus gefertigt werden, so wird zu dieser abgerösteten Masse 2½ Kilogrm. Mehl gewirkt. Sollte solche zu fest sein, so kann etwas Wasser zugenommen werden. So hergerichtet, können nun beliebige Figuren ausgedrückt werden, die jedoch, bevor man sie bäckt, getrocknet werden müssen.

10) Ueber Glasuren.

Um schön glasiren zu können, muß man vor Allem ganz feinen Zucker durch ein Musselin-Sieb stoßen, alsdann wird das Weiße von Eiern ebenfalls durch ein Sieb geschlagen, um die im Eiweiß sich befindlichen sogenannten Flämmchen zurückbehalten zu können; in dieses abgelassene Eiweiß wird nun von diesem feinen Zucker soviel hinzugethan, daß die Masse noch gerührt werden kann; nun hat man einen kleinen Kolben in Form einer Birne mit einem Stiele, ungefähr 2 Fäuste hoch, mit diesem Kolben wird die Glasur gehörig gerieben und nach und nach der Saft einer Citrone zugegeben; hat man die Glasur so fein wie möglich gerieben, so läßt man sie stehen, um beim Gebrauche zu den verschiedenen Farben davon nehmen und sie mit Eiweiß so dünn machen zu können als nöthig; Essigsäure darf nicht zugethan werden bei Glasuren zu Figuren, denn erstens bekommt das Glasirte keinen schönen Glanz und fürs Zweite läßt sich, da die Glasur mit Essigsäure zu leicht und porös ausfällt, selbige nicht gut schminken und bronziren.

Glasuren zum Verzieren der Torten können schon besser mit Essigsäure steif gerührt werden. Bei solchen Sachen, die entweder versendet oder überhaupt lange aufbewahrt werden sollen, ist es rathsam, der Glasur, wenn sie recht steif gerührt ist, etwas sehr fein gesiebten Haarpuder (Stärkemehl) zuzusetzen, indem alsdann die Glasur nicht mehr abspringt.

11) Glasur zu ordinären Gegenständen.

15 Eiweiß werden zu einem steifen Schnee geschlagen, dann 1 Kilogrm. Zucker untergemischt und mit einem halben Liter, halb Wasser, halb Essig, auf schwachem Kohlenfeuer gehörig in die Höhe und warm geschlagen, nun macht man die Glasur, indem der Kessel in ein mit Wasser gefülltes Gefäß gesetzt und dabei geschlagen wird, wieder kalt und rührt nun 1 Kilogrm. feines Stärkemehl darunter; die Glasur muß gut steif geschlagen werden, denn sonst läßt sie, wenn Puder zukommt, aus und wird gerne schmierig. Um nun damit glasiren zu können, kommt etwas geläuterter Zucker, welcher den Glanz herbringt und so viel wie nöthig Wasser dazu, die zu glasirenden Stücken werden hineingeworfen und mittelst Messer abgestrichen, entweder in einen warmen Ofen gebracht oder auf Brettern über Nacht stehen lassen. Will man mit dieser Glasur auch spritzen, so darf sie natürlich nicht zu dünn gemacht werden, sondern bleibt wie gewöhnliche Spritzglasur: auch ist hier anzurathen, gleich sobald die Sache noch naß ist, darauf zu spritzen, denn es sinkt dann etwas ein und bricht nie weg; gemalt wird auch an manchen Orten gleich in die frisch glasirten Sachen und zwar mittelst Gabeln und kleinern Hölzern und zwar auf folgende Manier: Etwas Weniges von ebenbesagter Glasur wird nach Belieben ziemlich stark gefärbt, entweder roth, grün, blau oder sonst mit Farben: sobald nun der Gegenstand glasirt ist, das heißt mit weißer oder rother Glasur, so werden mit einem etwas zugespitzten Stäbchen, welches in die oben angeführte Glasurfarbe getaucht ist, runde Ringe in Gestalt einer Rose darauf gemalt, die Gabel wird nun ebenfalls entweder in Blau oder Grün eingetaucht und mit den 4 Zinken, welche die Gabel hat, fährt man nun von links nach rechts quer unter der besagten Rose

hin; nun wird die Gabel so gehalten, daß blos eine Spitze angewendet werden kann und man fährt nun von oben nach unten durch die vorhin gemachten Querstriche und es sieht aus wie wenn diese Striche durch diesen einen ausgestrichen wären und das Ganze bildet nun kleine Blättchen. Auf diese Weise werden Herzen und dergleichen Sachen verziert.

12) Kinderkonfekt.

6 Kilogrm. weißer Farin wird mit 40 ganzen Eiern und 1 Liter Milch aufgelöst. Wenn die Masse erkaltet, kommen 12 Kilogrm. Mehl und etwas Anis dazu. Beim Verarbeiten wird zu dieser Masse 18 Kilogrm. Herzteig Nr. 7 nebst 50 bis 66 Grm. Konditorei-Salz daruntergebrochen. Dieser Teig wird messerrückendick ausgerollt und beliebige Formen als: Tauben, Hunde, Körbchen etc. ausgestochen, auf Butterblech gelegt und gebacken; nachdem mit ordinärer Glasur glasirt und gemalt.

13) Devisen-Masse.

125 Grm. Wasser, 66⅔ Grm. Zucker, 35 Grm. Stärkemehl. Mit der Hälfte des Wassers wird die Stärke angerührt und mit der andern der Zucker auf dem Feuer aufgelöst, alsdann beides gemischt; nun rührt man das Ganze bei mäßigem Feuer zu Pappe oder Kleister, legt das Ganze an einen kühlen Ort und wirkt dann etwas zähen Tragant und noch den nöthigen Puder dazu, um die Masse ordentlich ausdrücken zu können.

14) Das Aufbewahren der Lebkuchen.

Die Lebkuchen müssen an trocknen Orten in hölzernen Kisten oder Schränken aufbewahrt werden, worin der Zutritt der äußeren Luft möglichst abgehalten werden kann. In die Behälter, wo man die Lebkuchen aufbewahrt, streut man dann und wann gestoßenen Pfeffer und Ingwer zwischen die Lebkuchen-Packete und legt in die Behälter hie und da wieder einige Tuchläppchen, auf welche man von Zeit zu Zeit einige Tropfen ätherisches Pfeffermünzöl und ätherisches Lavendelöl schüttet, auch streut man Wermuth-Knospen in den Behältern umher. Diese Sachen schützen gegen Milben und Kerbthiere für längere Zeit. Hat man aber im Monat August Lebkuchen-Vorräthe, so ist es trotz der genannten Vorsichtsmaßregeln erforderlich, sie aus den Umschlagspapieren herauszunehmen und sorgfältig mit einem Borstenbesen abzukehren, um gegen Milben geschützt zu sein.

15) Nürnberger Marcipan ordinär.

Man nimmt 500 Grm. feinen Meliszucker, stößt denselben fein, siebt ihn durch ein Haarsieb, thut denselben in eine Schüssel, gießt 124 Grm. Wasser darauf, läßt über Nacht den Zucker auflösen, rührt am Morgen feines Mehl hinein, daß es ein Teig wird, welcher sich treiben und formen läßt. Man treibt den Teig von der Dicke eines Guldens aus, sticht mit einem länglich viereckigen blechernen Ausstecher (welcher der Figur, welche man formen will, angemessen sein muß), von der aufgetriebenen Masse aus, setzt sie auf mit Mehl bestreute Bretter, läßt sie über Nacht auf dem Backofen oder im Trockenstübchen stehen, bäckt sie am andern Tag im kühlen Ofen auf leicht gestrichenen Blechen, kehrt sie nach dem Backen gut ab und malt mit dem Pinsel die für die Figuren schicklichen Farben darauf.

16) Glasirter Marcipan.

Zu 500 Grm. Zucker wird 100 Grm. Wasser genommen und behandelt wie das Vorige. Dann wird 625 Grm. feines Mehl darunter gearbeitet, ausgestochen, geformt und sogleich gebacken. Dann wird es glasirt und mit buntem Streuzucker bestreut.

17) Weißaufgelaufenes Marcipan.

Nimm 500 Grm. Zucker, löse ihn mit 66⅔ Grm. Wasser auf und behandele es wie die vorigen. Dann wird 625 Grm. feines Mehl darunter gewirkt, aufgetrieben, ausgestrichen, geformt, auf Bretter gesetzt, über Nacht stehen gelassen und auf geschmierten Blechen gebacken. Wenn es schön werden soll, so muß es einen Querfinger hoch steigen, auf der obern Seite die Figur deutlich zu sehen sein und auf dem Boden geflossen.

18) Marcipan-Royal.

250 Grm. weiße Mandeln mit Eiweiß so fest und fein wie möglich reiben, nach und nach 333⅓ Grm. Zucker untermengen; sind die Mandeln etwa fein und der Zucker noch nicht alle darin, so wird er vollends eingewirkt, von dieser Masse werden nun 2 Böden mit Zucker ausgerollt, der eine auf Oblaten, der andere darauf gesetzt, mit Eiweißglasur glasirt, länglich geschnitten und gebacken, oder auf dem gefüllten Boden ein einfaches Gitter gelegt, dann so geschnitten, daß auf beiden Seiten die Hälfte des Gitters bleibt und dann gebacken, nach dem Backen wird nun in die Mitte dieser Streifen Citronenglasur gefüllt und mit etwas farbigem Streuzucker bestreut.

19) Verschiedene Farben.

Roth.

Man nimmt für 3 Pfennige rothe Späne, 2 Finger voll Alaun in etwas Wasser gekocht, bis der Saft auf dem Daumen steht.

Blau.

Es wird Berliner Blau mit Wasser fein gerieben, dann Gummi dazu gethan und unter einander gerührt und verbraucht. Oder Kurkume, Blauspäne und etwas Alaun gekocht, bis der Saft auf dem Daumen steht.

Grün.

Man nimmt grünes Korn vom Felde, oder grüne Veilblätter, stößt sie in dem Mörser, drückt den Saft durch ein Tuch und rührt denselben mit Gummiwasser unter einander.

Gelb.

Man nimmt 2 Messerspitzen voll gestoßenen Safran, löst denselben mit Branntwein auf und drückt denselben durch ein Tuch, gießt den Saft unter Gummiwasser und verbraucht denselben.

20) Eiersterne.

500 Grm. ausgewaschene Butter, 233 bis 283 Grm. Mehl, von 10 hartgesottenen Eiern das Gelbe, 133⅓ Grm. Zucker, etwas fein Gewürz; von diesem Allem mache man einen Teig, treibe ihn noch einmal so stark als einen Messerrücken aus, steche mit dem Sternförmchen davon aus, und backe sie auf mit Papier belegten Blechen mit mäßiger Hitze.

21) Mannheimer Konfekt.

1 Eiweiß wird zu Schnee geschlagen, 3 Löffel Hiftenmark werden darunter melirt, dies wird mit Citrone und Staubzucker angewirkt, und die Masse mit Zucker ausgerollt. Dann werden beliebige Formen ausgestochen, auf Papier gelegt und über Nacht auf Brettern zum Trocknen hingestellt. Den andern Tag nimmt man etwas Eiweiß, rührt feinen Zucker wie zu Spritzglasur an, giebt etwas Citronensaft dazu und glasirt die Stücke damit. So müssen sie nun gleich in den Ofen gebracht werden, wo sie bei guter Hitze gebacken werden.

22) Kleine Masse zu Nürnberger Plätzle.

1 Liter Syrup wird zum Faden gekocht, dann kommt noch 250 Grm. Farin dazu, das auch mit aufkochen muß, alsdann, wenn die Masse kalt ist, 125 Grm. gestoßener Melis, 66⅔ Grm. Pomeranzenschale, 33⅓ Grm. Tortengewürz, 3 erwärmte Eier und Mehl, bis die Masse zum Ausrollen richtig ist. Nun muß noch etwas Konditoreisalz hinzugemischt werden, die Plätzle werden ausgerollt, ausgestochen und auf Butterbleche gebacken. Die Plätzchen müssen schön in die Höhe gehen und fein reißen wie bittre Makra; sollten sie nicht richtig ausfallen, das heißt nicht recht in die Höhe steigen wollen, so kommt noch etwas Trieb hinzu. Wollen sie nicht recht reißen, so gießt man etwas Wasser in den Ofen. Einige Proben lehren, was gethan werden muß, damit sie recht werden.

23) Schlußbemerkungen.

Fürs erste glaube man ja nicht, daß das Mehl, das zum Pfefferkuchen gebraucht wird, nicht die vorzügliche Güte zu haben brauche, die bei anderem feinen Backwerke als erste Bedingung erforderlich ist, wie Viele thun, die der Ersparniß wegen blos Roggen- oder ausgeschlagenes Kornmehl nehmen. Diese thun sich aber selbst den größten Schaden, denn gerade der Syrup erfordert zur Herstellung guter Waare das beste Mehl, weil derselbe zu viel Schleimtheile besitzt. Deshalb verlangt der Teig auch mehr Hitze, und muß man daher sehr vorsichtig zu Werke gehen, wenn die Waare im Backofen, in Mangel einer Maschine, in welcher man doch allemal die erforderliche Hitze in seiner Gewalt hat, gebacken werden muß.

Ferner erfordert das Sieden des Zuckers sowohl, als des Syrups, die sorgsamste Beachtung. Der Kessel oder das Kasserol (Tiegel) verlangt die größte Reinlichkeit, vorzüglich aber müssen alle Fetttheile entfernt werden, die hier am nachtheiligsten wirken. Der Schaum und andere Unreinlichkeit im Zucker und Syrup läßt sich am besten, da er sich im Sieden schlecht abnimmt, durch Filtriren für allemal beseitigen. Endlich lasse man Beides, den Zucker, sowie den Syrup, jedes Mal lieber zuviel, als zu wenig sieden; verringert sich durch die Verdunstung der Masse etwas, so ersetze man sie durch vermehrten Zusatz, und man ist vor jedem Nachtheile sicher gestellt. Schließlich nur noch die Bemerkung, daß weder der gesottene Zuckerteig, noch das Ganze auf keinen Fall bis zum anderen Tage liegen darf, sondern wegen der sehr leicht sich entwickelnden Säure sogleich verarbeitet werden muß.
